한국의 버섯 도감

The

Mushroom

of

Korea

한국의 버섯 도감
The Mushroom of Korea

초판 1쇄 인쇄　2011년 1월 10일
초판 4쇄 발행　2021년 5월 25일

엮은이　산과사람
펴낸곳　글로북스
펴낸이　박경준

출판등록　2001년 7월 2일 제15-522호
주　소　121-896 서울특별시 마포구 서교동 444-15
전　화　02-332-4327
팩　스　02-3141-4347

* 파본이나 잘못된 책은 교환해 드립니다.

자연이 우리에게 주는 식용버섯·독버섯

한국의 버섯 도감

엮은이 산과사람

The Mushroom of Korea

Contents

머리말 · 8

01 식용버섯

송이 · 12
왕송이 · 14
쓴송이 · 16
능이_향버섯 · 18
팽이_팽나무버섯 · 20
맛버섯_나도팽나무버섯 · 22
느타리 · 24
표고 · 26
땅찌만가닥버섯_땅찌버섯 · 28
잿빛만가닥버섯 · 30
연기색만가닥버섯 · 32
모래꽃만가닥버섯 · 33
뽕나무버섯 · 34
뽕나무버섯부치 · 36
참부채버섯 · 38
버들송이 · 40
개암버섯 · 42
검은비늘버섯 · 44
침비늘버섯 · 46
잣버섯 · 48
달걀버섯 · 50
노란달걀버섯 · 52

흰달걀버섯 · 54
벚꽃버섯_밤버섯 · 56
적갈색벚꽃버섯 · 58
상아벚꽃버섯 · 60
화병무명버섯_화병벚꽃버섯 · 62
붉은산무명버섯 · 64
이끼무명버섯 · 66
졸각버섯 · 68
자주졸각버섯 · 70
색시졸각버섯 · 72
흑갈때기버섯 · 74
하늘색깔때기버섯 · 76
민자주방망이버섯 · 78
흰우단버섯 · 80
백합배꼽버섯 · 82
밀버섯 · 84
버터애기버섯 · 86
굽은애기버섯 · 88
긴뿌리버섯 · 90
끈적긴뿌리버섯 · 92
넓은주름긴뿌리버섯 · 94
털긴뿌리버섯 · 96
콩나물애주름버섯 · 98
우산버섯 · 100
고동색우산버섯 · 102
흰우산버섯 · 104
흰비단털버섯 · 106

풀털버섯 · 108
난버섯 · 110
노란난버섯 · 112
큰갓버섯 · 114
두엄갓버섯 · 116
주름버섯 · 118
진갈색주름버섯 · 120
흰주름버섯 · 122
먹물버섯 · 124
노랑먹물버섯 · 126
갈색먹물버섯 · 128
재먹물버섯 · 130
큰눈물버섯 · 132
볏집버섯 · 134
보리볏집버섯 · 136
무리우산버섯 · 138
풍선끈적버섯 · 140
풍선끈적버섯아재비 · 142
푸른끈적버섯 · 144
노랑끈적버섯 · 146
차양끈적버섯 · 148
진흙끈적버섯 · 150
뿌리자갈버섯 · 152
노란띠버섯 · 154
외대버섯 · 156
탈버섯 · 158
붉은점박이광대버섯 · 160

흰가시광대버섯 · 162
독청버섯아재비 · 164
큰마개버섯 · 166
못버섯 · 168
솜털갈매못버섯 · 170
흰둘레그물버섯 · 172
줄그물버섯 · 174
황금그물버섯 · 176
비단그물버섯 · 178
붉은비단그물버섯 · 180
녹슬은비단그물버섯 · 182
큰비단그물버섯 · 184
젖비단그물버섯 · 186
황소비단그물버섯 · 188
평원비단그물버섯 · 190
마른산그물버섯 · 192
검은산그물버섯 · 194
가지색그물버섯 · 196
꾀꼬리그물버섯 · 198
붉은그물버섯 · 200
은빛쓴맛그물버섯 · 202
황소쓴맛그물버섯 · 204
접시껄끌이그물버섯 · 206
거친껄끌이그물버섯 · 208
귀신그물버섯 · 210
털귀신그물버섯 · 212
털밤그물버섯 · 214

가죽밤그물버섯 · 216
청버섯 · 218
청머루무당버섯 · 220
주름무당버섯 · 222
젖버섯 · 224
검은밤색젖버섯 · 226
누룩젖버섯 · 228
붉은젖버섯 · 230
젖버섯아재비 · 232
흰굴뚝버섯 · 234
초록방패버섯 · 236
다발방패버섯 · 238
꾀꼬리버섯 · 240
애기꾀꼬리버섯 · 242
황금나팔꾀꼬리버섯 · 244
회색나팔꾀꼬리버섯 · 246
나팔버섯 · 248
녹변나팔버섯 · 250
뿔나팔버섯 · 252
턱수염버섯 · 254
침버섯 · 256
꽃송이버섯 · 258
노루궁뎅이버섯 · 260
산호침버섯 · 262
까치버섯 · 264
잎새버섯 · 266
덕다리버섯 · 268

붉은덕다리버섯 · 270
목이 · 272
털목이 · 274
흰목이 은이 · 276
꽃흰목이 · 278
좀목이 · 280
혓바늘목이 · 282
말징버섯 · 284
말불버섯 · 286
좀말불버섯 · 288
말뚝버섯 · 290
망태버섯 · 292
노란망태버섯 · 294
곰보버섯 · 296
알버섯 · 298
복령 · 300
싸리버섯 · 302
좀나무싸리버섯 · 304

02 독버섯

붉은싸리버섯 · 308
황금싸리버섯 · 308
노랑싸리버섯 · 309
자주색싸리버섯 · 309
미치광이버섯 · 310

갈잎에밀종버섯 · 310
노란젖버섯 · 311
흠집남빛젖버섯 · 311
점박이어리알버섯 · 312
사슴뿔버섯 · 312
노란꼭지버섯 · 313
흰꼭지버섯 · 313
붉은꼭지버섯 · 314
삿갓외대버섯 · 314
밤색갓버섯 · 315
두엄먹물버섯 · 315
목장말똥버섯 · 316
검은말똥버섯 · 316
노란다발버섯 · 317
좀환각버섯 · 317
땅비늘버섯 · 318
재비늘버섯 · 318
비늘버섯 · 319
큰비늘땀버섯 · 319
화경버섯 · 320
맑은애주름버섯 · 320
처녀송이버섯 · 321
애우산광대버섯 · 321
암회색광대버섯 · 322
파리버섯 · 322
마귀광대버섯 · 323
양파광대버섯 · 323

개나리광대버섯 · 324
흰알광대버섯 · 324
독우산광대버섯 · 325
회흑색광대버섯 · 325
큰주머니대광대버섯 · 326
긴골광대버섯아재비 · 326
턱받이광대버섯 · 327
뱀껍질광대버섯 · 327
흰독큰갓버섯 · 328
갈색고리갓버섯 · 328
보라땀버섯 · 329
삿갓땀버섯 · 329
바늘땀버섯 · 330
하얀땀버섯 · 330
주름우단버섯 · 331
산속그물버섯아재비 · 331
쓴맛그물버섯 · 332
흙무당버섯 · 332
절구버섯아재비 · 333
깔때기무당버섯 · 333
애기무당버섯 · 334
냄새무당버섯 · 334

찾아보기 · 335

■ 머리말

버섯은 자연계 물질 순환에서 유기물의 분해자로서 생태계 조화와 유지에 큰 역할을 담당할 뿐만 아니라 식용과 약용으로 우리 생활에 많은 혜택을 주는 귀중한 생물자원이다.

숲속의 쇠고기로 불리는 버섯은 예로부터 식품으로 많이 이용해 왔다. 능이버섯은 말린 다음 방에 두면 그 향이 온 집안에 은은하게 퍼지고, 특히 육류를 먹고 체했을 때 능이버섯을 삶아 먹으면 잘 나았다고 하며, 표고버섯은 감기에 걸렸을 때 이용하였다. 그 외에 송이, 갓버섯, 싸리버섯, 달걀버섯, 꾀꼬리버섯, 밤버섯, 목이버섯 등이 대표적인 식용버섯이라 할 수 있다.

우리나라에 자생하는 독버섯은 현재까지 약 90여 종 이상 밝혀졌으며, 그 중에서 한두 개만 먹어도 치사량에 도달하는 대표적인 맹독성 독버섯인 독우산광대버섯이 전국 산간지역 어디에서나 자라고 있다. 그 외에도 독성을 가진 버섯으로 자주색싸리버섯, 흰독큰갓버섯, 파리버섯 등이 있는데 이런 독버섯들은 식용버섯과 비슷하게 생긴 것이 많다. 그러므로 식용버섯으로 확실하게 구분된 것 이외에는 먹지 않는 것이 좋다.
이 책은 식용버섯을 잘 식별할 수 있도록 식용버섯의 특징을 상세히 수록하였다. 독자에게 많은 도움이 있기를 바란다.

산과사람

The Mushroom

of Korea

01
식용버섯

송이

균심균류/주름버섯목/송이과

가을에 20~50년생 적송림에 주로 발생하나 기타 소나무류에도 발생한다. 송이버섯은 독특한 향과 씹는 질감에서 한국인이 가장 좋아하는 식용버섯으로 오래 전부터 국내에 널리 이용되고 있다.

발생장소 적송림 **발생시기** 가을 **발생형태** 산생, 군생 **갓의 지름** 6~18cm(최대 28cm) **갓의 모양** 반구형~편평형 **갓의 표면** 황색~황갈색 **갓의 주름** 백색~갈색 **갓의 점성** 없음 **대의 높이** 7~20cm **대의 모양** 원통형 **대의 표면** 백색에 갈색 인피

01 식용버섯 | 13

왕송이

균심균류/주름버섯목/송이과

여름에 유기물이 풍부한 밭이나 젖은 낙엽이 많은 숲에 발생한다. 자실체가 대형이고, 다발성이다. 조직은 비교적 단단하며 백색이고, 맛과 냄새는 부드럽다. 다만 어린 버섯일 경우에 아린 맛이 있다.

발생장소 퇴적 낙엽 숲 **발생시기** 여름 **발생형태** 다발, 군생 **갓의 지름** 9~28cm(최대 55cm) **갓의 모양** 반구형~편평형 **갓의 표면** 황색~연분홍색 **갓의 주름** 황색~연분홍색 **갓의 점성** 없음 **대의 높이** 16~45cm **대의 모양** 원통형 **대의 표면** 백색

01 식용버섯 | 15

쓴송이

균심균류/주름버섯목/송이과

여름~가을에 활엽수림, 침엽수림 또는 혼합림 내 지상에 산생하며, 외생균근균이다. 쓴송이는 비린 콩 냄새가 나고, 맛이 약간 쓰다.

발생장소 모든 숲속 **발생시기** 여름~가을 **발생형태** 산생 **갓의 지름** 4~8cm **갓의 모양** 반반구형~편평형 **갓의 표면** 회색~갈색 **갓의 주름** 백색~담황색 **갓의 점성** 없음 **대의 높이** 3.5~9.5cm **대의 모양** 원통형 **대의 표면** 백색~옅은 갈색

01 식용버섯 | 17

능이_향버섯

균심균류/민주름버섯목/굴뚝버섯과

우리나라에서는 오래 전부터 고급요리에 이용되어 왔으며, 특히 육류를 먹고 체했을 때 소화제로 사용되었고, 건조하면 매우 강한 향기가 있어 '향이'라고도 불렸다. 그래서 애호가들은 '제1은 능이, 제2는 송이, 제3은 표고' 라는 말까지 하고 있다.

발생장소 활엽수림 **발생시기** 가을 **발생형태** 단생, 군생 **갓의 지름** 5~25cm **갓의 모양** 반구형~편평형 **갓의 표면** 황토색~흑갈색 **갓의 주름** 회색상 **갓의 점성** 없음 **대의 높이** 3~7cm **대의 모양** 원통형. **대의 표면** 회백색

01 식용버섯

팽이_팽나무버섯

균심균류/민주름버섯목/송이과

팽이는 비교적 작은 버섯으로 초겨울과 이른 봄에 살아 있는 활엽수의 썩은 부위 또는 그루터기에 발생하며, 갓 표면에 많은 젤라틴질이 있고 다발로 발생한다. 조직은 두껍고 부드러운 육질형이다. 맛은 부드럽고 짙은 향기가 난다.

발생장소 활엽수림 **발생시기** 늦가을과 이른 봄 **발생형태** 총생, 소수 군생 **갓의 지름** 1.5~6.6cm **갓의 모양** 반구형~편평형 **갓의 표면** 황갈색 **갓의 주름** 황색~옅은 등황색 **갓의 점성** 있음 **대의 높이** 2~8cm **대의 모양** 원통형 **대의 표면** 흑갈색

01 식용버섯 | 21

맛버섯_나도팽나무버섯

균심균류/주름버섯목/독청버섯과

늦은 여름~가을에 활엽수, 특히 너도밤나무의 고사목, 그루터기에 군생한다. 갓과 대 표면에 현저한 젤라틴질이 있다. 특히 일본에서는 '나메고' 라 하는데 된장국인 미소시럽에 넣어 즐겨 먹는다. 다소 두껍고, 맛과 향기가 부드럽다.

발생장소 활엽수 고사목 **발생시기** 늦은 여름~가을 **발생형태** 군생 **갓의 지름** 3.5~12cm **갓의 모양** 반구형~편평형 **갓의 표면** 황색~황갈색 **갓의 주름** 담황색~갈색 **갓의 점성** 있음 **대의 높이** 3.5~7cm **대의 모양** 원통형 **대의 표면** 담황색

01 식용버섯 | 23

느타리

균심균류/주름버섯목/느타리과

봄~가을에 활엽수 등의 고사목, 절주목 또는 그루터기에 군생, 다발로 발생하는 백색부후성균이다. 조직이 비교적 두꺼우며 유연하고 탄력성이 있는 육질형이며, 맛과 향기가 부드럽고, 특히 씹을 때 감촉이 매우 좋다.

발생장소 활엽수림 **발생시기** 봄~가을 **발생형태** 군생 **갓의 지름** 4~13cm(최대 20cm) **갓의 모양** 반구형~깔대기형 **갓의 표면** 흑갈색~청회색 **갓의 주름** 백색~옅은 황색 **갓의 점성** 없음 **대의 높이** 1~4cm **대의 모양** 측편심형 **대의 표면** 백색

01 식용버섯 | 25

표고

균심균류/주름버섯목/느타리과

조직은 두껍고, 치밀하고, 탄력성이 있으며, 백색이나 건조하면 담황색을 띠며, 향기가 매우 짙으며, 맛은 부드럽다. 활엽수(참나무, 졸참나무, 너도밤나무 등)의 고사목 또는 그루터기에 무리져 발생하는 백색목재부후균이다.

발생장소 활엽수의 고사목 **발생시기** 봄과 가을(2회) **발생형태** 군생 **갓의 지름** 3~13cm (최대 20cm) **갓의 모양** 반구형 **갓의 표면** 갈색~흑갈색 **갓의 주름** 백색 **갓의 점성** 없음 **대의 높이** 2~8cm **대의 모양** 원통형 **대의 표면** 백색~옅은 갈색

땅찌만가닥버섯 땅찌버섯

균심균류/주름버섯목/송이과

가을에 송이버섯이 끝날 무렵 참나무림 내 또는 참나무와 소나무가 혼재한 지상에 산생 또는 소수 군생한다. 속리산 지역에서 땅찌버섯이라 하며 매우 진귀한 버섯으로 생각하며, 씹는 느낌이 매우 좋다. 특히 옛날부터 향은 송이가 제일이고, 맛은 땅찌만가닥버섯을 제일로 인정했다.

발생장소 참나무 숲 **발생시기** 가을 **발생형태** 산생, 소수 군생 **갓의 지름** 3.5~10.5cm **갓의 모양** 원추상반구형 **갓의 표면** 암갈색~회갈색 **갓의 주름** 백색~옅은 황색 **갓의 점성** 없음 **대의 높이** 3.5~7.5cm **대의 모양** 원통형 **대의 표면** 회백색

01 식용버섯 | 29

잿빛만가닥버섯

균심균류/주름버섯목/송이과

가을에 참나무 숲 내 지상 또는 도로변, 정원, 화전지에 다수 군생한다. 종종 지하에 매몰된 목재에서 발생하는 경우도 있다. 맛은 부드럽고, 향기는 불분명하다.

발생장소 참나무 숲 **발생시기** 가을 **발생형태** 다수 군생 **갓의 지름** 3.5~8.5cm **갓의 모양** 반구형~편평형 **갓의 표면** 회갈색~암갈색 **갓의 주름** 유백색 **갓의 점성** 없음 **대의 높이** 3.5~7.5cm **대의 모양** 원통형 **대의 표면** 백회색~회갈색

01 식용버섯

연기색만가닥버섯

균심균류/주름버섯목/송이과

가을에 참나무 숲 또는 참나무와 소나무 혼합림의 지상에 다발로 군생 또는 속생하는 외생균근성 버섯이다. 매우 희귀한 종이다. 맛은 부드럽지만 약간 쓴맛이 있고 특별한 향기는 없다.

발생장소 참나무 숲 **발생시기** 가을 **발생형태** 속생, 다수 군생 **갓의 지름** 2~4.5cm **갓의 모양** 반구형 **갓의 표면** 회갈색~회색 **갓의 주름** 백색~옅은 회색 **갓의 점성** 없음 **대의 높이** 2.5~8.5cm **대의 모양** 원통형 **대의 표면** 백색~옅은 회색

모래꽃만가닥버섯

균심균류/주름버섯목/송이과

여름~가을에 참나무 숲 또는 침엽수림 내 지상에 산생 또는 소수 군생한다. 자실체는 소량으로 발생하지만 전국에 발생한다. 습할 때 베이지갈색을 띠며, 약간 점성이 있다.

발생장소 참나무 숲 **발생시기** 여름~가을 **발생형태** 산생, 소수 군생 **갓의 지름** 3.5~6.5cm **갓의 모양** 반구형 **갓의 표면** 갈색~암갈색 **갓의 주름** 유백색 **갓의 점성** 있음 **대의 높이** 3.5~6cm **대의 모양** 원통형 **대의 표면** 백회색

뽕나무버섯

균심균류/주름버섯목/송이과

여름~가을에 활엽수, 침엽수 생목의 뿌리 부위에 군생한다. 뽕나무버섯은 나무뿌리에 기생하여 뿌리썩음병을 일으켜 산림에 극심한 피해를 주는 반면, 한약으로 사용되고 있는 천마와 공생하는 것으로 알려져 있어 생리?생태적으로 대단히 흥미 있는 버섯이다. 강원도 정선 지역에서는 글코버섯이라 하며, 유럽에서는 맛이 좋아 'honey mushroom(꿀버섯)'이란 이름을 가지고 있다.

발생장소 활엽수림, 침엽수림 **발생시기** 여름~가을 **발생형태** 군생 **갓의 지름** 3~10cm **갓의 모양** 반구형~편평형 **갓의 표면** 갈색~황갈색 **갓의 주름** 백색~적갈색 **갓의 점성** 없음 **대의 높이** 4~11cm **대의 모양** 원통형 **대의 표면** 백색~적갈색

01 식용버섯 | 35

뽕나무버섯부치

균심균류/주름버섯목/송이과

여름~가을에 활엽수의 고사목, 그루터기 또는 생목의 뿌리 주위에 군생, 총생한다. 뽕나무버섯부치는 뽕나무버섯과 유사하나 갓이 작고, 보다 크게 다발로 발생하며, 특히 대에 턱받이가 없다는 점에서 쉽게 구별할 수 있다.

발생장소 활엽수 고사목 **발생시기** 여름~가을 **발생형태** 군생, 총생 **갓의 지름** 3~5cm **갓의 모양** 반반구형~편평형 **갓의 표면** 옅은 황색~갈황색 **갓의 주름** 유백색~갈색 **갓의 점성** 없음 **대의 높이** 4~11cm **대의 모양** 원통형 **대의 표면** 황토색~옅은 황색

참부채버섯

균심균류/주름버섯목/송이과

여름~가을에 버드나무, 포플러 등 활엽수의 그루터기 또는 고사목에 다수 군생하는 흔히 볼 수 있는 버섯이다. 형태적으로는 느타리류와 유사하나 주름살이 황색을 띠며, 갓과 대에 아주 가늘고 연한 털이 있으며, 대가 황색이란 점이 다르다. 맛은 부드러우나 씹은 후 시간이 경과하면 약간 쓴맛이 있다.

발생장소 활엽수림 **발생시기** 여름~가을 **발생형태** 군생 **갓의 지름** 2.5~9cm **갓의 모양** 조개형, 부채형 **갓의 표면** 황갈색 **갓의 주름** 분홍황색 **갓의 점성** 없음 **대의 높이** 3.5~8.5cm **대의 모양** 원통형 **대의 표면** 갈황색

버들송이

균심균류/주름버섯목/소똥버섯과

봄~여름에 산지, 도시공원의 나무, 가로수 등의 활엽수 고사목 또는 생목의 썩은 부위에 발생한다. 조직은 중앙부는 다소 두껍고 주변부 쪽은 얇다. 밀가루 냄새가 조금 나며, 맛은 부드럽다. 최근에 톱밥을 이용한 톱밥재배 방법이 개발되어 있다.

발생장소 활엽수 고사목 **발생시기** 늦봄~여름 **발생형태** 균생 **갓의 지름** 3.5~8.5cm **갓의 모양** 반구형~편평형 **갓의 표면** 암갈색 **갓의 주름** 갈색 **갓의 점성** 있음 **대의 높이** 1.5~4.5cm **대의 모양** 원통형 **대의 표면** 유백색~황토색

01 식용버섯 | 41

개암버섯

균심균류/주름버섯목/독청버섯과

가을에 특히 밤 주울 때 밤나무 광엽수의 고사목이나 그루터기 또는 매몰된 나무에 다수 군생한다. 최근에 활엽수 원목을 이용한 인공 재배 방법이 개발되어 있다. 조직은 비교적 두껍고 치밀하다. 맛은 부드러우면서도 다소 쓴맛이 있다.

발생장소 유기질 땅 **발생시기** 봄~가을 **발생형태** 군생 **갓의 지름** 3~8cm **갓의 모양** 반구형~편평형 **갓의 표면** 갈색~황갈색 **갓의 주름** 회청색~흑자색 **갓의 점성** 있음 **대의 높이** 6.5~11.5cm **대의 모양** 원통형 **대의 표면** 백색~옅은 황색

검은비늘버섯

균심균류/주름버섯목/독청버섯과

여름~가을에 포플러나 참나무 류 등 활엽수의 고사목, 그루터기 또는 절주목에 다수 무리지어 발생한다. 검은비늘버섯의 색깔은 전체적으로 노랑색이며, 버섯 전체에 비늘 같은 돌기가 빽빽하게 퍼져 있다.

발생장소 활엽수의 그루터기 **발생시기** 여름~가을 **발생형태** 균생 · **갓의 지름** 3.5~10cm **갓의 모양** 반구형~편평형 **갓의 표면** 옅은 황색~암황색 **갓의 주름** 유백색~황색 **갓의 점성** 있음 **대의 높이** 5~11cm **대의 모양** 원통형 **대의 표면** 유백색~옅은 황색

침비늘버섯

균심균류/주름버섯목/독청버섯과

여름~가을에 활엽수 위 고목에 다수 무리지어 발생한다. 초기의 갓 모양은 반구형이고 끝은 섬유질상 내피막으로 싸여 있으나 성장하면 정단반반구형, 중앙부위가 다소 둔볼록형, 편평형으로 된다. 표면은 건성이나 습할 때 약간 점성이 있다.

발생장소 활엽수 고목 **발생시기** 여름~가을 **발생형태** 군생 **갓의 지름** 3~11cm **갓의 모양** 반구형~편평형 **갓의 표면** 황색~창갈색 **갓의 주름** 유백색~직길색 **갓의 점성** 있음 **대의 높이** 5~8cm **대의 모양** 원통형 **대의 표면** 유백색~옅은 황색

01 식용버섯 | 47

잣버섯

균심균류/주름버섯목/느타리과

침엽수, 특히 소나무 고사목 또는 그루터기에서 발생한다. 갈색부후균이다. 조직은 두껍고, 어릴 때는 부드러운 육질형이나 성장하면 치밀하며, 단단한 육질형으로 된다. 적송의 그루터기에서 발생한 것은 송이향이 있고, 맛은 부드럽다.

발생장소 침엽수의 고사목 **발생시기** 초여름~가을 **발생형태** 단생, 총생 **갓의 지름** 4~15㎝ **갓의 모양** 유구형~편평형 **갓의 표면** 백색~황갈색 **갓의 주름** 백색~황백색 **갓의 점성** 없음 **대의 높이** 2~7㎝ **대의 모양** 원통형 **대의 표면** 백색~옅은 갈색

01 식용버섯 | 49

달걀버섯

균심균류/주름버섯목/광대버섯과

여름에서 가을까지 혼합림 내 지상에 단생 또는 산생한다. 갓 표면은 적황색~등황색이고, 주변에는 방사상의 선이 있다. 대는 성장하면 표면이 갈라져 섬유상의 인편이 뱀껍질 모양을 이룬다.

발생장소 혼합림 **발생시기** 여름~가을 **발생형태** 단생, 산생 **갓의 지름** 5~15cm **갓의 모양** 반구형~편평형 **갓의 표면** 석황색~등황색 **갓의 주름** 등황색 **갓의 점성** 있음(습할 때) **대의 높이** 10~17cm **대의 모양** 원통형 **대의 표면** 등황색~황색

01 식용버섯 | 51

노란달걀버섯

균심균류/주름버섯목/광대버섯과

여름~가을에 활엽수림 또는 혼합림 내 지상에 산생한다. 우리나라에서는 매우 드물게 발생한다. 달걀버섯과 매우 비슷하지만, 갓과 대의 색이 황색을 띤다는 점에서 쉽게 구별된다. 조직은 두꺼우며 육질형이고, 맛은 부드럽다.

발생장소 활엽수림, 혼합림 **발생시기** 여름~가을 **발생형태** 산생 **갓의 지름** 3.5~10.5㎝ **갓의 모양** 반구형~편평형 **갓의 표면** 황색 **갓의 주름** 황색 **갓의 점성** 있음(습할 때) **대의 높이** 9~18㎝ **대의 모양** 원통형 **대의 표면** 옅은 황색

흰달걀버섯

균심균류/주름버섯목/광대버섯과

여름~가을에 활엽수림 또는 혼합림 내 지상에 산생 또는 소수 군생으로 발생한다. 매우 드물다. 조직은 두꺼우며 육질형이고 백색이며, 맛과 향기는 부드럽다. 달걀버섯, 노란달걀버섯과 외관상 비슷하나 자실체 전체가 백색이란 점에서 쉽게 구별된다.

발생장소 활엽수림, 혼합림 **발생시기** 여름~가을 **발생형태** 산생, 소수 군생 **갓의 지름** 5~16cm **갓의 모양** 반구형~편평형 **갓의 표면** 백색 **갓의 주름** 백색 **갓의 점성** 있음(습할 때) **대의 높이** 9~18cm **대의 모양** 원통형 **대의 표면** 백색

벚꽃버섯_밤버섯

균심균류/주름버섯목/벚꽃버섯과

가을에 송이 발생시기에 활엽수(참나무류, 상수리, 졸참나무, 굴참나무, 너도밤나무 등) 또는 침엽수가 혼재한 지상에서 산생 또는 군생한다. 조직은 두껍고, 백색-옅은분홍색이고, 종종 암적색의 얼룩이 있으며, 맛과 향기는 부드럽다.

발생장소 활엽수림 **발생시기** 가을 **발생형태** 산생, 군생 **갓의 지름** 4~13cm(최대 18cm) **갓의 모양** 반구형~편평형 **갓의 표면** 자적색~갈석색 **갓의 주름** 백색, 보라색 반점 **갓의 점성** 있음 **대의 높이** 3~10cm **대의 모양** 원통형 **대의 표면** 백색, 보라색 반점

01 식용버섯 | 57

적갈색벚꽃버섯

균심균류/주름버섯목/벚꽃버섯과

여름에 침엽수림 또는 침엽수에 활엽수가 혼재된 지상에 단생 또는 소수 군생한다. 한국에서는 매우 희귀종이며, 김천 직지사 경내에 다량 발생한다. 조직은 육질형으로 다소 두껍다.

발생장소 침엽수림, 혼합림 **발생시기** 여름 **발생형태** 단생, 소수 군생 **갓의 지름** 2~5cm **갓의 모양** 반구형~편평형 **갓의 표면** 적갈색~암적갈색 **갓의 주름** 적갈색~암적갈색 **갓의 점성** 있음 **대의 높이** 2.5~7cm **대의 모양** 원통형 **대의 표면** 적갈색~암적갈색

01 식용버섯 | 59

상아벚꽃버섯

균심균류/주름버섯목/벚꽃버섯과

가을에 활엽수림 또는 혼합림 내 지상에 산생 또는 소수 무리져 발생한다. 갓 표면은 습할 때 점성이 현저하고, 건조하면 광택이 난다. 조직은 백색이고 비교적 얇으며, 맛과 향기는 부드럽다.

발생장소 활엽수림, 혼합림 **발생시기** 가을 **발생형태** 산생, 소수 군생 **갓의 지름** 2.5~7cm **갓의 모양** 반구형~원추형 **갓의 표면** 백색~옅은 황색 **갓의 주름** 백색~옅은 황색 **갓의 점성** 점성이 높음 **대의 높이** 4.5~15cm **대의 모양** 굽은 원통형 **대의 표면** 백색

01 식용버섯 | 61

화병무명버섯 화병벚꽃버섯

균심균류/주름버섯목/벚꽃버섯과

여름~가을에 혼합림 내 지상이나 이끼가 덮여 있는 썩은 통나무 또는 잔디밭에 산생 또는 다수 군생한다. 조직은 얇으며, 적색 또는 등황색 색을 띠며, 잘 부서진다.

발생장소 활엽수림, 혼합림 **발생시기** 여름~가을 **발생형태** 산생, 군생 **갓의 지름** 0.8~3.5cm **갓의 모양** 반구형~편평형 **갓의 표면** 등황색~적색 **갓의 주름** 등황색~적색 **갓의 점성** 없음 **대의 높이** 3.5~8cm **대의 모양** 원통형 **대의 표면** 등황색~적색

01 식용버섯 | 63

붉은산무명버섯

균심균류/주름버섯목/벚꽃버섯과

여름~가을에 초지, 길가, 잔디밭, 혼합림 내 지상에 군생한다. 조직은 얇고 잘 부서지며 맛과 향기는 불분명하다. 갓과 대에 상처를 내면 흑색으로 변한다. 식용버섯이지만 체질에 따라 중독되는 예가 있으니 주의가 요구된다.

발생장소 잔디밭, 혼합림 등   **발생시기** 여름~가을   **발생형태** 군생   **갓의 지름** 1.5~3.5cm
갓의 모양 원추형~반구형   **갓의 표면** 황색~흑회색   **갓의 주름** 백색~담황색   **갓의 점성** 있음   **대의 높이** 4~10cm   **대의 모양** 원통형   **대의 표면** 백색~옅은 황색

01 식용버섯 | 65

이끼무명버섯

균심균류/주름버섯목/벚꽃버섯과

여름~가을에 혼합림 내의 이끼 사이 또는 초지, 잔디밭, 목장에 소수 군생한다. 표면은 젤라틴질이 현저하고, 습할 때 반투명하고 건조하면 버터의 표면처럼 윤택이 난다. 맛과 향기는 불분명하다.

발생장소 혼합림 내 초지 **발생시기** 여름~가을 **발생형태** 소수 군생 **갓의 지름** 0.6~3.5cm **갓의 모양** 원추형~종형 **갓의 표면** 녹색~황록색 **갓의 주름** 녹색~황록색 **갓의 점성** 있음 **대의 높이** 2.5~5.5cm **대의 모양** 원통형 **대의 표면** 황록색~담황색

01 식용버섯 | 67

졸각버섯

균심균류/주름버섯목/송이과

여름~가을에 잡목림 내 지상 또는 도로변에 군생하거나 산생하는 외생균근성균이다. 맛과 향기는 부드럽다.

발생장소 잡목림 내 **발생시기** 여름~가을 **발생형태** 산생, 군생 **갓의 지름** 1.5~3.5cm **갓의 모양** 반구형 **갓의 표면** 옅은 갈분홍색 **갓의 주름** 황갈색 **갓의 점성** 없음 **대의 높이** 2~5.5cm **대의 모양** 원통형 **대의 표면** 옅은 갈분홍색

01 식용버섯 | 69

자주졸각버섯

균심균류/주름버섯목/송이과

여름~가을에 혼합림 내 지상 또는 도로변에 군생하는 외생균근형성균이다. 자주졸각버섯은 어디든지 습한 장소에 잘 자라며, 평지에서 고산지대까지 척박한 토양의 습한 곳에 발생한다.

발생장소 혼합림 내 **발생시기** 여름~가을 **발생형태** 군생 **갓의 지름** 1.5~3.5cm **갓의 모양** 반구형~편평형 **갓의 표면** 자주색~회갈색 **갓의 주름** 자주색~회갈색 **갓의 점성** 없음 **대의 높이** 2~5.5cm **대의 모양** 원통형 **대의 표면** 자주색~회갈색

01 식용버섯 | 71

색시졸각버섯

균심균류/주름버섯목/송이과

여름~가을에 혼합림 내 지상 또는 산길가에 다수 군생하는 외생균근균이다. 조직은 얇고 탄력성이 있으며, 맛과 향기는 부드럽다.

발생장소 혼합림 **발생시기** 여름~가을 **발생형태** 다수 군생 **갓의 지름** 3~6cm(최대 10cm) **갓의 모양** 오목반구형 **갓의 표면** 황갈색 **갓의 주름** 황갈색 **갓의 점성** 없음 **대의 높이** 3.5~8.5cm **대의 모양** 원통형 **대의 표면** 황갈색

01 식용버섯 | 73

흑깔때기버섯

균심균류/주름버섯목/송이과

여름~가을에 참나무 숲 또는 혼합림 내 낙엽이 많은 곳에 주로 발생한다. 흑깔때기버섯은 갓이 깔때기 모양이며, 특히 움푹하게 함몰된 가운데에 작은 돌기가 있다.

발생장소 혼합림 **발생시기** 여름~가을 **발생형태** 소수 군생 **갓의 지름** 3.5~6cm **갓의 모양** 반구형~깔때기형 **갓의 표면** 옅은 황토색 **갓의 주름** 백색~황색 **갓의 점성** 없음 **대의 높이** 2.5~5.5cm **대의 모양** 원통형 **대의 표면** 유백색

01 식용버섯 | 75

하늘색깔때기버섯

균심균류/주름버섯목/송이과

여름~가을에 혼합림 내 지상에서 산생 혹은 소수 군생한다. 조직은 비교적 얇고, 육질형이며, 백색이고, 표피하층은 회청색을 띠며, 독특한 향기가 나고, 맛은 불분명하다.

발생장소 혼합림 **발생시기** 여름~가을 **발생형태** 산생, 소수 군생 **갓의 지름** 3.5~7.5㎝ **갓의 모양** 반구형~깔때기형 **갓의 표면** 백색~청록색 **갓의 주름** 백색~회청색 **갓의 점성** 없음 **대의 높이** 3~6㎝ **대의 모양** 원통형 **대의 표면** 회청색

01 식용버섯 | 77

민자주방망이버섯

균심균류/주름버섯목/송이과

여름~가을에 혼합림 내 지상이나 목장, 또는 정원에 소수 군생 또는 단생한다. 민자주방망이버섯은 성장 초기와 햇빛이 가려진 곳이나 신선한 버섯일 때는 짙은 자색을 띠지만, 성장하면 칙칙한 황색 또는 갈색으로 퇴색한다. 조직은 두껍고 부드러우며, 육질형이고 잘 부서진다. 맛과 냄새는 부드럽다.

발생장소 혼합림 **발생시기** 여름~가을 **발생형태** 단생, 소수 군생 **갓의 지름** 3.5~7.5cm **갓의 모양** 반구형~깔때기형 **갓의 표면** 백색~청록색 **갓의 주름** 백색~회청색 **갓의 점성** 없음 **대의 높이** 3~6cm **대의 모양** 원통형 **대의 표면** 회청색

01 식용버섯 | 79

흰우단버섯

균심균류/주름버섯목/송이과

여름~가을에 혼합림 내 지상이나 잔디밭에 단생 또는 군생한다. 조직은 두꺼우며, 육질형이고 치밀하며, 백색이다. 약간 밀가루 냄새가 나며, 맛은 약간 쓰다.

발생장소 혼합림 **발생시기** 여름~가을 **발생형태** 단생, 군생 **갓의 지름** 5.5~25㎝ **갓의 모양** 편평형~깔때기형 **갓의 표면** 백색~황백색 **갓의 주름** 유백색 **갓의 점성** 없음 **대의 높이** 5.5~15㎝ **대의 모양** 원통형 **대의 표면** 백색~옅은 황색

01 식용버섯 | 81

백합배꼽버섯

균심균류/주름버섯목/송이과

여름-가을에 혼합림 내 지상, 산길가, 정원에 소수 군생한다. 조직은 육질형이고, 백색이다. 약간 독특한 향기가 있으며, 맛은 부드럽다. 백합배꼽버섯은 전체가 백색이고, 대 표면은 백색 바탕에 암회갈색의 돌기상 인편이 밀포되어 있다

발생장소 혼합림 **발생시기** 여름~가을 **발생형태** 군생 **갓의 지름** 3.5~8cm **갓의 모양** 편평형 **갓의 표면** 백색 **갓의 주름** 백색 **갓의 점성** 없음 **대의 높이** 4~9cm **대의 모양** 원통형 **대의 표면** 백색

01 식용버섯 | 83

밀버섯

균심균류/주름버섯목/송이과

여름~가을에 혼합림 내 낙엽 위에 군생한다. 조직은 얇고 탄력성이 있으며, 맛은 부드럽고 특별한 향기는 없다. 밀버섯은 주름살이 좁고, 빽빽하며, 갓은 적갈색이고, 막질형이며, 대의 표면에 미세한 털이 밀포되어 있다.

발생장소 혼합림 **발생시기** 여름~가을 **발생형태** 군생 **갓의 지름** 0.8~2.8cm **갓의 모양** 편평형 **갓의 표면** 적갈색 **갓의 주름** 옅은 황색 **갓의 점성** 없음 **대의 높이** 3.5~8.5cm **대의 모양** 원통형 **대의 표면** 옅은 황색

01 식용버섯 | 85

버터애기버섯

균심균류/주름버섯목/송이과

여름~가을에 활엽수림 또는 침엽수림 내 낙엽이 많이 쌓인 지상에 다수 군생하는데, 특히 산성토양 위에 많이 발생한다. 버터애기버섯은 갓과 대의 색이 적갈색이고, 갓 표면은 버터의 표면과 같은 느낌을 준다.

발생장소 활엽수림, 침엽수림 **발생시기** 여름~가을 **발생형태** 군생 **갓의 지름** 3.5~5.5㎝ **갓의 모양** 반반구형 **갓의 표면** 적갈색~황갈색 **갓의 주름** 유백색 **갓의 점성** 없음 **대의 높이** 2.5~7㎝ **대의 모양** 원통형 **대의 표면** 적갈색~황갈색

01 식용버섯 | 87

굽은애기버섯

균심균류/주름버섯목/송이과

여름~가을에 활엽수림, 침엽수림 또는 혼합림 내 낙엽 위에 군생한다. 가장 흔하게 볼 수 있고, 전 세계적으로 분포하고 있다. 굽은애기버섯은 주름살이 좁고, 빽빽하며, 갓은 황토황색~등황색이고, 대의 표면에 미세한 모가 밀포되어 있다. 조직은 얇고, 탄력성이 있으며, 유백색~옅은 황색을 띠고, 맛과 향기는 부드럽다.

발생장소 모든 수림 **발생시기** 여름~가을 **발생형태** 군생 **갓의 지름** 0.8~4cm **갓의 모양** 반구형~편평형 **갓의 표면** 황토황색~등황색 **갓의 주름** 분홍황색 **갓의 점성** 없음 **대의 높이** 3.5~8.5cm **대의 모양** 원통형 **대의 표면** 갈황색

01 식용버섯 | 89

긴뿌리버섯

균심균류/주름버섯목/송이과

여름~가을에 활엽수 또는 침엽수의 뿌리 또는 묻혀 있는 나무토막에서 발생한다. 대의 지상부의 크기가 5.5~12㎝인 반면, 땅 속 뿌리의 길이는 길게는 23㎝까지 뻗어 있다. 갓 표면에는 방사상의 주름이 빽빽하게 있고, 습할 때는 젤라틴 층이 두껍게 덮여 있다. 맛과 향기는 부드럽다.

발생장소 활엽수림, 침엽수림 **발생시기** 여름~가을 **발생형태** 산생 **갓의 지름** 3.5~10㎝
갓의 모양 반구형~편평형 **갓의 표면** 황토색~회갈색 **갓의 주름** 백색 **갓의 점성** 있음
대의 높이 5.5~12㎝(지상부) **대의 모양** 원통형 **대의 표면** 백색~회갈색

01 식용버섯 | 91

끈적긴뿌리버섯

균심균류/주름버섯목/송이과

여름~가을에 벚나무, 너도밤나무 등 활엽수의 고목 또는 고사목, 그루터기 등에 소수 속생하거나 무리지어 발생한다. 끈적긴뿌리버섯은 전체가 백색이고 갓 표면에 젤라틴질이 많으며, 주름살이 성글고, 대 중앙부위에 백색의 막질 턱받이가 있다는 점에서 특징이다. 조직은 육질형이며, 얇고, 백색이다. 냄새는 불분명하며, 맛은 부드럽다.

발생장소 활엽수의 고목 **발생시기** 여름~가을 **발생형태** 군생 **갓의 지름** 2.5~7cm **갓의 모양** 반구형 **갓의 표면** 상아색 **갓의 주름** 백색~옅은 황색 **갓의 점성** 있음 **대의 높이** 3.5~6.5cm **대의 모양** 원통형 **대의 표면** 백색~회갈색

01 식용버섯 | 93

넓은주름긴뿌리버섯

여름~가을에 활엽수 그루터기나 그 주변 또는 나무가 매몰된 지상에 발생한다. 조직은 얇으며 백색이고, 맛은 부드럽고 특별한 향기는 없다. 넓은주름긴뿌리버섯은 갓이 흑갈색이나 점차 옅은 회색–옅은 회갈색으로 되고, 방사상으로 섬유질 선이 있다.

발생장소 활엽수림 **발생시기** 여름~가을 **발생형태** 소수 군생 **갓의 지름** 4.5~18cm **갓의 모양** 오목편평형 **갓의 표면** 옅은 회갈색 **갓의 주름** 백색 **갓의 점성** 없음 **대의 높이** 7~13cm **대의 모양** 원통형 **대의 표면** 유백색

01 식용버섯 | 95

털긴뿌리버섯

균심균류/주름버섯목/송이과

여름~가을에 주로 활엽수림 내 지상에 산생한다. 조직은 육질형이며, 중앙부위는 다소 두껍고 주변부위는 얇으며, 백색을 띤다. 맛은 다소 쓴맛이 나며, 향기는 부드럽다.

발생장소 혼합림　**발생시기** 여름~가을　**발생형태** 군생　**갓의 지름** 0.8~2.8㎝　**갓의 모양** 편평형　**갓의 표면** 적갈색　**갓의 주름** 옅은 황색　**갓의 점성** 없음　**대의 높이** 3.5~8.5㎝　**대의 모양** 원통형　**대의 표면** 옅은 황색

01 식용버섯 | 97

콩나물애주름버섯

균심균류/주름버섯목/송이과

초여름~가을에 참나무류의 활엽수 그루터기, 고사목 또는 그 주위의 낙엽에 총생 또는 군생한다. 콩나물애주름버섯은 문헌상에 자실체의 모양이나 색이 다양한 것으로 보고되어 있으며, 갓의 모양이 종형이고 갈색을 띤다. 조직은 얇고 백색이며, 맛과 향기는 불분명하다.

발생장소 활엽수림 **발생시기** 초여름~가을 **발생형태** 총생, 군생 **갓의 지름** 2~4.5cm **갓의 모양** 원추종형 **갓의 표면** 회갈색~황갈색 **갓의 주름** 백색~회백색 **갓의 점성** 없음 **대의 높이** 3.5~7cm **대의 모양** 원통형 **대의 표면** 회갈색~황갈색

우산버섯

균심균류/주름버섯목/광대버섯과

자실체는 초기에 백색의 작은 달걀모양이나 성장하면서 정단부의 외피막이 파열되어 갓과 대가 나타난다. 여름~가을에 활엽수와 침엽수림 내 지상에 단생 혹은 산생한다. 조직은 비교적 얇고 육질형이며, 맛과 향기는 부드럽다.

발생장소 활엽수림, 침엽수림 **발생시기** 여름~가을 **발생형태** 산생, 단생 **갓의 지름** 3~9cm **갓의 모양** 반구형~편평형 **갓의 표면** 회갈색 **갓의 주름** 회백색 **갓의 점성** 있음(습할 때) **대의 높이** 5~18cm **대의 모양** 원통형 **대의 표면** 회백색

01 식용버섯 | 101

고동색우산버섯

균심균류/주름버섯목/광대버섯과

여름~가을에 활엽수림, 침엽수림 또는 혼합림 내 지상, 드물게는 초원에 단생 혹은 2~3개씩 군생한다. 조직은 육질형이고, 백색이며, 맛과 향기는 부드럽다. 우산버섯과 비슷하나 갓과 대주머니의 색이 적황갈색을 띠고 있으므로 쉽게 구분할 수 있다.

발생장소 모든 수림 **발생시기** 여름~가을 **발생형태** 산생, 소수 군생 **갓의 지름** 4~10㎝ **갓의 모양** 반구형~편평형 **갓의 표면** 황갈색 **갓의 주름** 유백색 **갓의 점성** 없음 **대의 높이** 7.5~12.5㎝ **대의 모양** 원통형 **대의 표면** 유백색

01 식용버섯

흰우산버섯

균심균류/주름버섯목/광대버섯과

여름~가을에 활엽수와 침엽수림 내 지상에 단생 혹은 산생한다. 조직은 비교적 얇고 부드러우며, 육질형이고 백색이다. 맛과 향기는 부드럽다.

발생장소 모든 수림 **발생시기** 여름~가을 **발생형태** 산생, 소수 군생 **갓의 지름** 3~5㎝ **갓의 모양** 반구형~편평형 **갓의 표면** 백색 **갓의 주름** 백색 **갓의 점성** 있음(습할 때) **대의 높이** 4.5~9.5㎝ **대의 모양** 원통형 **대의 표면** 백색

01 식용버섯 | 105

흰비단털버섯

균심균류/주름버섯목/난버섯과

여름에 버드나무 등 활엽수의 고사목, 그루터기 등에 발생한다. 간혹 퇴비더미에서도 발생한다. 성장 초기에는 작은 달걀 모양이나, 점차 파열되어 갓과 대가 나타난다. 성장하기 시작하면 갓 표면에 긴 견사상의 털이 덮인다.

발생장소 활엽수 고사목 **발생시기** 여름 **발생형태** 산생, 소수 군생 **갓의 지름** 6~15cm **갓의 모양** 종형~편평형 **갓의 표면** 유백색 **갓의 주름** 유백색 **갓의 점성** 없음 **대의 높이** 4.5~13cm **대의 모양** 원통형 **대의 표면** 유백색

01 식용버섯

풀털버섯

균심균류/주름버섯목/난버섯과

여름철의 고온다습한 시기에 퇴비더미 또는 유기물 퇴적층 주변에 다수 군생한다. 중국요리에 재료로 많이 이용되며, 총각버섯이라고도 부른다. 맛과 향기는 부드럽다.

발생장소 유기물 퇴적층 **발생시기** 여름 **발생형태** 소수 군생 **갓의 지름** 3.5~15cm **갓의 모양** 종형~반구형 **갓의 표면** 회갈색 **갓의 주름** 유백색~회갈색 **갓의 점성** 없음 **대의 높이** 4.5~14cm **대의 모양** 원통형 **대의 표면** 유백색~담갈색

01 식용버섯 | 109

난버섯

균심균류/주름버섯목/난버섯과

봄~가을에 주로 썩은 활엽수 고사목이나 썩은 톱밥더미 위에 군생한다. 조직은 육질형이며, 비교적 얇고 백색이다. 맛과 향기는 불분명하다.

발생장소 활엽수 고사목 **발생시기** 봄~가을 **발생형태** 군생 **갓의 지름** 4.5~10.5cm **갓의 모양** 종형~편평형 **갓의 표면** 회갈색 **갓의 주름** 백색~분홍색 **갓의 점성** 없음 **대의 높이** 3.5~7.5cm **대의 모양** 원통형 **대의 표면** 회갈색

노란난버섯

균심균류/주름버섯목/난버섯과

봄~가을에 활엽수의 썩은 옹이에 발생하는데, 종종 썩은 침엽수에도 군생 또는 총생한다. 아름다운 황금색 갓을 가지고 있는 것이 특징이다. 조직은 얇고 암황색을 띤다. 맛과 향기는 부드럽다.

발생장소 썩은 활엽수 **발생시기** 봄~가을 **발생형태** 군생, 총생 **갓의 지름** 3.5~6.5cm **갓의 모양** 종형~편평형 **갓의 표면** 암황색 **갓의 주름** 백색~유백색 **갓의 점성** 없음 **대의 높이** 3.5~8cm **대의 모양** 원통형 **대의 표면** 황백색

01 식용버섯

큰갓버섯

균심균류/주름버섯목/주름버섯과

여름~가을에 초원이나 목장 혹은 혼합림 내 지상에 단생, 산생한다. 갓 표면에는 표피가 성장하면서 갈라져 형성된 암색의 거친 인편과 섬유상 인피가 있다. 조직은 부드럽고 백색이며, 맛이 좋다.

발생장소 초원, 목장, 혼합림 **발생시기** 여름~가을 **발생형태** 단생, 산생 **갓의 지름** 7~20cm(최대 30cm) **갓의 모양** 구형~편평형 **갓의 표면** 황갈색~회갈색 **갓의 주름** 백색~옅은 황색 **갓의 점성** 없음 **대의 높이** 15~30cm **대의 모양** 원통형 **대의 표면** 갈색~회갈색

01 식용버섯

두엄갓버섯

균심균류/주름버섯목/주름버섯과

여름~가을에 초원 및 퇴비더미 주위에 무리지어 발생한다. 조직은 다소 얇고 백색이다. 상처가 나면 적변하며, 밀가루 냄새가 나고 맛은 부드럽다.

발생장소 초원, 퇴비더미 **발생시기** 여름~가을 **발생형태** 군생 **갓의 지름** 3.5~7cm **갓의 모양** 종형~편평형 **갓의 표면** 백색~담황색 **갓의 주름** 백색~유백색 **갓의 점성** 없음 **대의 높이** 3.5~10cm **대의 모양** 원통형 **대의 표면** 백색~갈색

01 식용버섯

주름버섯

균심균류/주름버섯목/주름버섯과

여름~가을에 잔디밭과 목장, 골프장, 맨땅 등의 부식질이 많은 곳에 군생한다. 신선할 때 대 표면을 문지르면 옅은 홍색을 띠며, 건조하면 견사와 같은 광택이 난다. 조직은 두껍고 육질형이며, 백색이지만 상처가 나면 적변한다. 맛과 향기는 부드럽다.

발생장소 잔디밭, 목장, 맨땅 **발생시기** 여름~가을 **발생형태** 군생 **갓의 지름** 3.5~11cm **갓의 모양** 반구형~편평형 **갓의 표면** 백색~유백색 **갓의 주름** 백색~옅은 홍색 **갓의 점성** 없음 **대의 높이** 3.5~9cm **대의 모양** 원통형 **대의 표면** 백색~옅은 갈색

01 식용버섯 | 119

진갈색주름버섯

균심균류/주름버섯목/주름버섯과

여름~가을에 혼합림 또는 대나무 숲 지상에 산생한다. 조직은 다소 두껍고 백색을 띠나, 후에 다소 옅은 갈색을 띤다. 맛과 향기는 부드럽다.

발생장소 혼합림, 대나무 숲 **발생시기** 여름~가을 **발생형태** 산생 **갓의 지름** 3.5~11㎝ **갓의 모양** 반구형~편평형 **갓의 표면** 자갈색~갈색 **갓의 주름** 담홍색~자갈색 **갓의 점성** 없음 **대의 높이** 5.5~19㎝ **대의 모양** 원통형 **대의 표면** 백색~옅은 갈색

흰주름버섯

균심균류/주름버섯목/주름버섯과

늦여름~가을에 초원, 목장 등에 발생한다. 자실체가 백색이고 문지르면 황변하며, 아니스꽃 향기가 난다. 조직은 두껍고 백색이나 성장하면 담황색을 띤다. 맛은 부드럽다.

발생장소 초원, 목장 **발생시기** 늦여름~가을 **발생형태** 산생 **갓의 지름** 7.5~14.5㎝ **갓의 모양** 반구형~편평형 **갓의 표면** 백색~상아색 **갓의 주름** 백색~회갈색 **갓의 점성** 없음 **대의 높이** 7.5~14.5㎝ **대의 모양** 원통형 **대의 표면** 백색

01 식용버섯 | 123

먹물버섯

균심균류/주름버섯목/먹물버섯과

봄~가을에 정원이나 목장 또는 잔디밭의 부식질이 많은 곳에 군생 또는 총생한다. 유럽에서는 잉크버섯(inky mushroom)이라 하여, 오랜 옛날에 액화현상에 의해 생성된 검은 액을 받아 동양의 먹물 대신에 글 쓰는 데 사용하여 왔다. 갓과 갓 끝 부위부터 액화현상이 일어난다. 조직은 얇고, 맛과 향기는 부드럽다.

발생장소 정원, 목장, 잔디밭 **발생시기** 봄~가을 **발생형태** 군생, 총생 **갓의 지름** 2.5~5 cm **갓의 모양** 방망이형~종형 **갓의 표면** 백색~먹색 **갓의 주름** 백색~갈색 **갓의 점성** 있음(액화 후) **대의 높이** 14~25cm **대의 모양** 원통형 **대의 표면** 백색

01 식용버섯 | 125

노랑먹물버섯

균심균류/주름버섯목/먹물버섯과

여름~가을에 벚나무, 참나무, 수양버드나무 등의 그루터기나 통나무 등에 발생한다. 액화현상은 주름에서 일어나는데 주름색이 초기에는 백색이다가 후에 갈색으로 변하고, 마지막에는 흑색으로 되며 액화현상이 일어난다.

발생장소 벚나무, 참나무 등 **발생시기** 여름~가을 **발생형태** 산생, 소수 군생 **갓의 지름** 1.5~3cm **갓의 모양** 난형~종형 **갓의 표면** 황갈색 **갓의 주름** 백색~흑색 **갓의 점성** 있음(액화 후) **대의 높이** 2.5~5cm **대의 모양** 원통형 **대의 표면** 백색

갈색먹물버섯

균심균류/주름버섯목/먹물버섯과

여름~가을에 활엽수의 그루터기 또는 매몰된 나무 위에 총생 또는 군생한다. 갓의 표면에 백색의 미세한 돌비늘상의 인피가 있다. 조직은 얇고 옅은 올리브갈색을 띠며, 맛과 향기는 부드럽다. 갓은 성장하면 방사상으로 갈라진다.

발생장소 벚나무, 참나무 등 **발생시기** 여름~가을 **발생형태** 산생, 소수 군생 **갓의 지름** 1.5~3cm **갓의 모양** 난형~종형 **갓의 표면** 황갈색 **갓의 주름** 백색~흑색 **갓의 점성** 있음(액화 후) **대의 높이** 2.5~5cm **대의 모양** 원통형 **대의 표면** 백색

01 식용버섯 | 129

재먹물버섯

균심균류/주름버섯목/먹물버섯과

늦은 봄에서 가을까지 퇴비더미 주위, 우분이나 마분이 섞인 퇴비더미 주위에 군생한다. 표면은 성장 초기에는 담황색 바탕에 백색의 솜털 모양의 피막이 있으나, 성장하면 중앙 부위는 황토갈색~회황토색을 띠고 끝 부위부터 점차 회색~회흑색으로 되며, 홈선이 중앙 부위까지 나타나고 점차 갈라진다.

발생장소 퇴비더미 등 **발생시기** 늦은 봄~가을 **발생형태** 군생 **갓의 지름** 1~4cm **갓의 모양** 난형~종형 **갓의 표면** 백색~회색 **갓의 주름** 백색~회색 **갓의 점성** 없음(액화 후) **대의 높이** 3~9cm **대의 모양** 원통형 **대의 표면** 백색

01 식용버섯 | 131

큰눈물버섯

균심균류/주름버섯목/먹물버섯과

늦은 봄, 여름~가을에 혼합림의 지상이나 부식질이 많은 잔디 위 또는 도로변에 군생한다. 조직은 중앙 부위는 다소 두껍고 끝 부위는 얇으며, 갈색을 띤다. 맛과 향기는 분명하지 않다.

발생장소 혼합림, 잔디밭 등 **발생시기** 늦은 봄~가을 **발생형태** 군생 **갓의 지름** 3~9cm
갓의 모양 반구형~편평형 **갓의 표면** 황토색 **갓의 주름** 회갈색~흑색 **갓의 점성** 없음
대의 높이 3.5~8cm **대의 모양** 원통형 **대의 표면** 담황색

01 식용버섯 | 133

볏집버섯

균심균류/주름버섯목/소똥버섯과

봄~초여름에 숲속, 공원, 초지, 도로변에 군생한다. 조직은 다소 두껍고 유백색이며, 주름살 바로 위쪽은 올리브갈색을 띤다. 맛은 다소 쓰며, 밀가루 냄새가 난다.

발생장소 숲속, 초지 등 **발생시기** 봄~초여름 **발생형태** 군생 **갓의 지름** 3~8cm **갓의 모양** 반구형~편평형 **갓의 표면** 암갈색~황갈색 **갓의 주름** 유백색~황갈색 **갓의 점성** 없음 **대의 높이** 3.5~10.5cm **대의 모양** 원통형 **대의 표면** 유백색~황갈색

01 식용버섯 | 135

보리볏집버섯

균심균류/주름버섯목/소똥버섯과

여름~가을에 활엽수와 침엽수 혼합림, 산길, 공원, 초지 등에서 산생, 소수 군생한다. 조직은 비교적 얇고 유백색~옅은 갈색을 띠며, 맛과 향기는 분명하지 않다.

발생장소 혼합림, 산길 등 **발생시기** 여름~가을 **발생형태** 산생, 소수 군생 **갓의 지름** 2~7cm **갓의 모양** 반구형~편평형 **갓의 표면** 암갈색~적갈색 **갓의 주름** 갈색 **갓의 점성** 있음 **대의 높이** 3~6.5cm **대의 모양** 원통형 **대의 표면** 백색~암갈색

무리우산버섯

균심균류/주름버섯목/독청버섯과

봄~가을에 활엽수 고사목, 그루터기, 절주목 등에 다발로 발생한다. 조직은 중앙부위를 제외하고는 얇으며, 상당히 부드럽고 옅은 황색을 띠며, 맛과 향기가 좋다.

발생장소 활엽수 고사목 **발생시기** 봄~가을 **발생형태** 군생 **갓의 지름** 2~4cm **갓의 모양** 반구형~편평형 **갓의 표면** 황갈색~적갈색 **갓의 주름** 옅은 황색~갈색 **갓의 점성** 있음 **대의 높이** 3~8cm **대의 모양** 원통형 **대의 표면** 옅은 황색

01 식용버섯

풍선끈적버섯

균심균류/주름버섯목/끈적버섯과

여름~가을에 침엽수림 또는 혼합림 내에서 산생 또는 무리지어 발생한다. 조직은 다소 두껍다. 속살은 옅은 자색을 띠며, 맛과 향기는 불분명하다.

발생장소 침엽수림, 혼합림 **발생시기** 여름~가을 **발생형태** 산생, 소수 군생 **갓의 지름** 4.5~10cm **갓의 모양** 반구형~편평형 **갓의 표면** 자색~황갈색 **갓의 주름** 자색~갈색 **갓의 점성** 있음 **대의 높이** 3.5~7.5cm **대의 모양** 원통형 **대의 표면** 자색~갈색

01 식용버섯

풍선끈적버섯아재비

균심균류/주름버섯목/끈적버섯과

늦은 여름~가을에 주로 소나무 숲 지상에 단생 또는 소수 군생한다. 조직은 옅은 보라색을 띠며, 맛과 향기는 불분명하다. 어리거나 신선할 때 상처를 주면 상처 부위가 짙은 보라색으로 변한다.

발생장소 소나무 숲　**발생시기** 늦은 여름~가을　**발생형태** 산생, 소수 군생　**갓의 지름** 3.5~7cm　**갓의 모양** 반구형~편평형　**갓의 표면** 암자색~회갈색　**갓의 주름** 청자색~적갈색　**갓의 점성** 있음　**대의 높이** 4~8.5cm　**대의 모양** 원통형　**대의 표면** 자색~갈색

푸른끈적버섯

균심균류/주름버섯목/끈적버섯과

가을에 활엽수림과 적송림의 혼합림에 소수 무리지어 발생하거나 산생한다. 조직은 비교적 얇고 옅은 자색을 띠며, 부드럽다. 맛과 향기는 불분명하다.

발생장소 혼합림 **발생시기** 가을 **발생형태** 산생, 소수 군생 **갓의 지름** 3~5.5cm **갓의 모양** 반구형~편평형 **갓의 표면** 청자색~청보라색 **갓의 주름** 자색~적갈색 **갓의 점성** 있음 **대의 높이** 4~8cm **대의 모양** 원통형 **대의 표면** 자색~황토색

01 식용버섯

노랑끈적버섯

균심균류/주름버섯목/끈적버섯과

가을에 참나무(상수리, 졸참나무, 굴참나무 등)림과 적송림이 혼재한 곳에 소수 군생한다. 조직은 중앙 부위는 다소 두껍고, 백색이며, 부드럽고, 맛과 향기는 불분명하다.

발생장소 참나무 혼합림 **발생시기** 가을 **발생형태** 소수 군생 **갓의 지름** 4~8.5cm **갓의 모양** 반구형~편평형 **갓의 표면** 황토갈색 **갓의 주름** 유백색~갈색 **갓의 점성** 있음 **대의 높이** 4.5~11cm **대의 모양** 원통형 **대의 표면** 백색~갈색

01 식용버섯 | 147

차양끈적버섯

균심균류/주름버섯목/끈적버섯과

가을에 활엽수림(유럽에서는 특히 자작나무 숲에 주로 발생함) 지상, 선태류가 많은 곳에 산생 또는 무리지어 발생한다. 조직은 중앙 부위가 두껍고, 냄새는 다소 강하다.

발생장소 활엽수림 **발생시기** 가을 **발생형태** 산생, 소수 군생 **갓의 지름** 4~9cm **갓의 모양** 반구형~편평형 **갓의 표면** 황갈색~적갈색 **갓의 주름** 회갈색~적갈색 **갓의 점성** 없음 **대의 높이** 4.5~12cm **대의 모양** 원통형 **대의 표면** 유백색~회갈색

01 식용버섯 | 149

진흙끈적버섯

균심균류/주름버섯목/끈적버섯과

가을에 침엽수와 활엽수가 혼재한 곳의 지상에 소수 군생 또는 산생한다. 한국에서는 매우 희귀한 종으로, 평창군 백담사 계곡에서만 현재까지 발견되었다. 조직은 유백색이나 후에 갈색을 띠고, 분명한 맛과 향기는 없다.

발생장소 침엽 · 활엽 혼재림 **발생시기** 가을 **발생형태** 산생, 소수 군생 **갓의 지름** 3.5~10.5cm **갓의 모양** 원추형~편평형 **갓의 표면** 황갈색~적갈색 **갓의 주름** 회갈색~적갈색 **갓의 점성** 있음 **대의 높이** 4.5~15cm **대의 모양** 원통형 **대의 표면** 유백색~갈색

01 식용버섯 | 151

뿌리자갈버섯

균심균류/주름버섯목/끈적버섯과

가을에 참나무, 벚나무 등 활엽수림 내 지상에 발생하며, 특히 뿌리자갈버섯은 두더지 집 주위에 있는 배설물에서 주로 발생한다고 알려져 있다. 대가 비교적 굵고 길며, 땅속에 깊이 뻗어 있다.

발생장소 활엽수림 **발생시기** 가을 **발생형태** 산생 **갓의 지름** 6~13cm **갓의 모양** 반구형~편평형 **갓의 표면** 황토색~황갈색 **갓의 주름** 옅은 황토색~갈색 **갓의 점성** 있음 **대의 높이** 7.5~16cm **대의 모양** 원통형 **대의 표면** 백색~갈색

01 식용버섯 | 153

노란띠버섯

균심균류/주름버섯목/끈적버섯과

가을에 주로 침엽수림(특히 적송), 드물게는 참나무 등이 혼재해 있는 곳의 지상에 단생 또는 소수 군생한다. 조직은 비교적 얇고, 맛과 향기는 부드럽다.

발생장소 침엽수림 **발생시기** 가을 **발생형태** 단생, 소수 군생 **갓의 지름** 3.5~13cm **갓의 모양** 반구형~편평형 **갓의 표면** 황토색~황갈색 **갓의 주름** 유백색~적갈색 **갓의 점성** 없음 **대의 높이** 5.5~14cm **대의 모양** 원통형 **대의 표면** 유백색~옅은 갈색

01 식용버섯

외대버섯

균심균류/주름버섯목/외대버섯과

가을철 활엽수림 속에 무리를 지어 자라거나 한 개씩 자란다. 갓은 편평하며 가운데가 조금 튀어나와 있다. 갓 표면은 누런 회색으로 축축하며 점성이 조금 있고, 갓 가장자리는 물결 모양이다. 조직은 흰색이며 부서지기 쉽다. 밀가루 냄새가 나며, 맛은 부드럽다.

발생장소 활엽수림 **발생시기** 가을 **발생형태** 단생, 소수 군생 **갓의 지름** 5.5~13cm **갓의 모양** 원추형~편평형 **갓의 표면** 유백색~갈회색 **갓의 주름** 유백색~암분홍색 **갓의 점성** 없음 **대의 높이** 6~16cm **대의 모양** 원통형 **대의 표면** 유백색~암분홍색

01 식용버섯 | 157

탈버섯

균심균류/주름버섯목/외대버섯과

초여름~가을에 활엽수림과 침엽수림 내 부식토 위에 산생, 소수 군생한다. 희귀종이다. 갓과 주름살이 잘 분리된다. 갓에 방사상으로 가늘고 미세한 섬유질 털이 있으며, 특히 갓 끝 쪽에 밀포되어 있다. 조직은 유백색이고 가늘며, 부드럽다.

발생장소 산림 부식토 **발생시기** 초여름~가을 **발생형태** 산생, 소수 군생 **갓의 지름** 2~3㎝ **갓의 모양** 반구형~편평형 **갓의 표면** 유백색~옅은 황색 **갓의 주름** 옅은 황색~살색 **갓의 점성** 없음 **대의 높이** 3~4.5㎝ **대의 모양** 원통형 **대의 표면** 백색~황토색

붉은점박이광대버섯

균심균류/주름버섯목/광대버섯과

여름~가을에 활엽수림, 침엽수림 또는 혼합림 내 지상에 단생 혹은 3~5개씩 군생한다. 독버섯인 마귀광대버섯과 외관상 매우 비슷하나, 붉은점박이광대버섯은 주름살과 대에 상처가 나거나 또는 성숙하면 붉게 변하고, 갓 표면의 외피막 잔유물인 인피도 옅은 회적색을 띤다. 반면 마귀광대버섯은 갓 표면의 인피가 백색이고, 주름살이나 대에 붉은 색이 전혀 없다는 점에서 쉽게 구분할 수 있다. 그러나 광대버섯류는 맹독성인 버섯이 많으므로 확실하게 알지 못하면 절대 먹어서는 안 된다.

발생장소 모든 수림 **발생시기** 여름~가을 **발생형태** 단생, 소수 군생 **갓의 지름** 5~15㎝
갓의 모양 반구형~편평형 **갓의 표면** 적갈색~암적갈색 **갓의 주름** 백색 **갓의 점성** 없음
대의 높이 8~20㎝ **대의 모양** 원통형 **대의 표면** 유백색

01 식용버섯 | 161

흰가시광대버섯

균심균류/주름버섯목/광대버섯과

여름~가을까지 숲 속의 땅에 한 개씩 자란다. 버섯 갓은 지름 9~20cm이고 둥근 산 모양이며 가장자리에 턱받이의 찢어진 조각이 붙어 있다. 갓 표면은 흰색 바탕에 작은 가루가 덮고 있으며, 사마귀 점이 높이 3mm의 원뿔 모양으로 많이 나 있다. 살은 흰색이고 건조해지면 불쾌한 냄새가 난다.

발생장소 침엽수림, 혼합림 **발생시기** 여름~가을 **발생형태** 산생, 소수 군생 **갓의 지름** 9~20cm **갓의 모양** 반구형~편평형 **갓의 표면** 백색 **갓의 주름** 백색 **갓의 점성** 없음 **대의 높이** 12~22cm **대의 모양** 원통형 **대의 표면** 백색

01 식용버섯 | 163

독청버섯아재비

균심균류/주름버섯목/독청버섯과

봄~가을에 숲속이 아닌 숲의 가장자리 지상, 쓰레기장 또는 목장 부근의 유기질이 많은 곳에서 군생한다. 우수한 식용버섯으로 널리 알려져 있으며, 최근에 인공 재배 방법이 개발되어 있다. 조직은 두껍고, 백색이며, 맛과 향기는 부드럽다.

발생장소 유기질 땅 **발생시기** 봄~가을 **발생형태** 군생 **갓의 지름** 4.5~16cm **갓의 모양** 반구형~편평형 **갓의 표면** 갈색~옅은 황갈색 **갓의 주름** 회청색~흑자색 **갓의 점성** 있음 **대의 높이** 6.5~11.5cm **대의 모양** 원통형 **대의 표면** 백색~옅은 황색

01 식용버섯 | 165

큰마개버섯

균심균류/주름버섯목/못버섯과

늦여름~가을에 침엽수림(주로 적송림) 내 지상에 산생, 단생으로 발생한다. 조직은 백색이고 부드럽다.

발생장소 침엽수림 **발생시기** 늦여름~가을 **발생형태** 산생, 단생 **갓의 지름** 3~5cm **갓의 모양** 원추형~편평형 **갓의 표면** 분홍색~장미색 **갓의 주름** 백색~회백색 **갓의 점성** 있음 **대의 높이** 3.5~5.5cm **대의 모양** 원통형 **대의 표면** 유백색~분홍색

01 식용버섯

못버섯

균심균류/주름버섯목/못버섯과

여름~가을에 침엽수림, 특히 소나무 숲의 지상에 산생 또는 군생한다. 조직은 비교적 두껍고 다소 단단하며, 맛과 향기는 부드럽다.

발생장소 침엽수림 **발생시기** 여름~가을 **발생형태** 산생, 군생 **갓의 지름** 2~11cm **갓의 모양** 원추형~편평형 **갓의 표면** 황갈색~자적색 **갓의 주름** 황토색~갈황색 **갓의 점성** 있음 **대의 높이** 3.5~15.5cm **대의 모양** 원통형 **대의 표면** 옅은 황토색

솜털갈매못버섯

균심균류/주름버섯목/못버섯과

여름~가을에 침엽수림 내 지상 또는 외진 땅에 발생한다. 매우 희귀한 종으로 갓의 표피는 섬유상이고 젤라틴질이 아니며, 건조시에 반짝이지 않고 색이 둔하다

발생장소 침엽수림 **발생시기** 여름~가을 **발생형태** 산생, 단생 **갓의 지름** 2.5~5.5cm **갓의 모양** 반구형~편평형 **갓의 표면** 담황색~황토색 **갓의 주름** 황등색~흑갈색 **갓의 점성** 없음 **대의 높이** 4.5~17cm **대의 모양** 원통형 **대의 표면** 담황색~황토색

01 식용버섯 | 171

흰둘레그물버섯

균심균류/주름버섯목/그물버섯과

여름~가을에 침엽수(특히 참나무) 또는 혼합림 내 지상에 산생 또는 소수 군생한다. 국내에서는 드물게 발생한다. 조직은 다소 두껍고 백색이고 단단하며, 상처 시 변색하지 않으며, 맛은 부드럽거나 다소 시고, 향기는 불분명하다.

발생장소 침엽수림 **발생시기** 여름~가을 **발생형태** 산생, 소수 군생 **갓의 지름** 2.5~5.5 cm **갓의 모양** 반구형~편평형 **갓의 표면** 담황색~황토색 **갓의 관공** 황등색~흑갈색 **갓의 점성** 없음 **대의 높이** 4.5~17cm **대의 모양** 원통형 **대의 표면** 담황색~황토색

줄그물버섯

균심균류/주름버섯목/그물버섯과

오리나무류와 공생하는 버섯으로서 여름에 단생, 소수 군생한다. 매우 희귀한 종이다. 조직은 두껍고 부드러우며, 백색~옅은 황색이나 상처 시 청변하고 시간이 경과하면 갈색으로 된다.

발생장소 오리나무와 공생 **발생시기** 여름 **발생형태** 단생, 소수 군생 **갓의 지름** 4.5~11cm **갓의 모양** 반구형~편평형 **갓의 표면** 황토색~암황색 **갓의 관공** 황색~황갈색 **갓의 점성** 없음 **대의 높이** 3.5~7cm **대의 모양** 원통형 **대의 표면** 황토색

01 식용버섯 | 175

황금그물버섯

균심균류/주름버섯목/그물버섯과

가을에 침엽수림(특히 잎갈나무와 공생) 지상에 발생한다. 조직은 다소 두껍고 옅은 황색을 띠며, 상처 시 옅은 청색으로 변한다. 갓 표면은 섬유상 누운 인피가 방사상으로 덮여 있으며, 부드러운 촉감을 주며, 점성은 없다.

발생장소 침엽수림 **발생시기** 가을 **발생형태** 단생, 소수 군생 **갓의 지름** 4~9cm **갓의 모양** 원주형~편평형 **갓의 표면** 황토색~암황색 **갓의 관공** 황색~황갈색 **갓의 점성** 없음 **대의 높이** 3.5~8cm **대의 모양** 원통형 **대의 표면** 황갈색

01 식용버섯

비단그물버섯

균심균류/주름버섯목/그물버섯과

늦여름~가을에 적송, 특히 이엽송 숲의 지상에 산생 또는 군생한다. 갓 표면은 젤라틴질이 쉽게 흘러내리며, 점액질이 소실되면 옅은 황갈색을 띤다. 조직은 두껍고 유연하며, 맛과 향기는 부드럽다.

발생장소 소나무 숲 **발생시기** 늦여름~가을 **발생형태** 산생, 소수 군생 **갓의 지름** 3.5~4.5㎝ **갓의 모양** 반구형~편평형 **갓의 표면** 황갈색~회갈색 **갓의 관공** 황색~황갈색 **갓의 점성** 있음 **대의 높이** 3~8㎝ **대의 모양** 원통형 **대의 표면** 황백색~암갈색

01 식용버섯

붉은비단그물버섯

여름~가을에 침엽수, 특히 5엽송림 내 지상에 단생, 소수 군생한다. 붉은비단그물버섯은 갓 표면이 건성이고, 적색~적갈색의 섬유상 인피가 있고, 대 상부가 황색이며, 백색의 내피막이 있고, 5엽송과 공생한다는 점에서 특징적이다.

발생장소 5엽송 숲 **발생시기** 여름~가을 **발생형태** 단생, 소수 군생 **갓의 지름** 4~11cm **갓의 모양** 반구형~편평형 **갓의 표면** 적색~적갈색 **갓의 관공** 황색~황갈색 **갓의 점성** 없음 **대의 높이** 3~10cm **대의 모양** 원통형 **대의 표면** 적갈색~자적색

01 식용버섯 | 181

녹슬은비단그물버섯

균심균류/주름버섯목/그물버섯과

가을에 주로 잎갈나무 숲 내 지상에 산생, 소수 군생한다. 갓 표면은 젤라틴질 상의 점질물이 있으며, 성장 초기에는 암갈색~회갈색이나 점질물이 소실된 후에는 옅은 녹회색~옅은 황색이고, 드물게는 유백색으로 퇴색된다.

발생장소 잎갈나무 숲　**발생시기** 가을　**발생형태** 산생, 소수 군생　**갓의 지름** 4.5~11.5cm　**갓의 모양** 유구형~편평형　**갓의 표면** 암갈색~녹회색　**갓의 관공** 백색~갈회색　**갓의 점성** 있음　**대의 높이** 4~7.5cm　**대의 모양** 원통형　**대의 표면** 황백색~갈회색

01 식용버섯 | 183

큰비단그물버섯

균심균류/주름버섯목/그물버섯과

여름~가을에 잎갈나무와 공생하는 버섯으로서 산생, 또는 무리지어 발생한다. 갓 표면은 생장 초기, 또는 습할 때 젤라틴질의 점성 물질로 두껍게 덮여있다.

발생장소 잎갈나무 숲 **발생시기** 여름~가을 **발생형태** 산생, 소수 군생 **갓의 지름** 3.5~12cm **갓의 모양** 원추형~편평형 **갓의 표면** 황색~적황색 **갓의 관공** 황색~황갈색 **갓의 점성** 있음 **대의 높이** 3.5~8.5cm **대의 모양** 원통형 **대의 표면** 황색~갈색

01 식용버섯 | 185

젖비단그물버섯

균심균류/주름버섯목/그물버섯과

여름~가을에 소나무, 특히 2엽송 숲의 지상에 산생, 군생한다. 습할 때 갓 표면은 점성, 즉 젤라틴질이 현저하며, 어릴 때는 짙은 황갈색~적갈색을 띠고, 후에 젤라틴질이 소실되면 황색을 띤다. 맛은 부드럽거나 다소 신맛이 있다.

발생장소 소나무 숲 **발생시기** 여름~가을 **발생형태** 산생, 소수 군생 **갓의 지름** 3.5~12㎝ **갓의 모양** 원추형~편평형 **갓의 표면** 황갈색~황색 **갓의 관공** 황색~황갈색 **갓의 점성** 있음 **대의 높이** 3.5~8.5㎝ **대의 모양** 원통형 **대의 표면** 황색~갈색

황소비단그물버섯

균심균류/주름버섯목/그물버섯과

여름~가을까지 소나무, 특히 2엽송 숲의 지상에 산생하는데, 종종 많은 수의 자실체가 무리지어 군생하기도 한다. 소나무 뿌리와 균근을 형성하는 것으로 알려져 있다. 갓 아랫면의 관공 부위는 부패하기 쉽고, 곤충 및 애벌레가 남아 있을 가능성이 있으므로 떼어내고 요리를 하는 것이 바람직하며, 요리를 하면 버섯의 육질은 분홍색~자색을 띤다.

발생장소 소나무 숲 **발생시기** 여름~가을 **발생형태** 산생, 소수 군생 **갓의 지름** 3.5~11cm
갓의 모양 원추형~편평형 **갓의 표면** 황갈색~황토색 **갓의 관공** 황백색~황갈색 **갓의 점성** 있음 **대의 높이** 3~8.5cm **대의 모양** 원통형 **대의 표면** 황갈색~황토색

01 식용버섯 | 189

평원비단그물버섯

균심균류/주름버섯목/그물버섯과

여름~가을에 5엽송림 내 지상에 산생 또는 군생하는데 국내에는 매우 드물다. 대의 표면은 초기에는 유백색이나 후에 점차 황색으로 되며, 적갈색~자갈색의 유액돌기반점이 있다.

발생장소 소나무 숲 **발생시기** 여름~가을 **발생형태** 산생, 소수 군생 **갓의 지름** 3~10cm **갓의 모양** 원추형~편평형 **갓의 표면** 백색~분홍백색 **갓의 관공** 유백색~황색 **갓의 점성** 있음 **대의 높이** 3.5~9.5cm **대의 모양** 원통형 **대의 표면** 유백색~황색

마른산그물버섯

균심균류/주름버섯목/그물버섯과

여름~가을에 활엽수림 또는 침엽수림 내 지상 또는 산길가에 산생 또는 소수 군생한다. 갓 표면은 건성이며, 생장 초기에 융단상 털이 있으나 성장 후에는 소실된다.

발생장소 활엽수 · 침엽수림 **발생시기** 여름~가을 **발생형태** 산생, 소수 군생 **갓의 지름** 3~10cm **갓의 모양** 반구형~편평형 **갓의 표면** 회갈색~암갈색 **갓의 관공** 황색~황록색 **갓의 점성** 없음 **대의 높이** 4~8cm **대의 모양** 원통형 **대의 표면** 갈색~암적색

01 식용버섯 | 193

검은산그물버섯

균심균류/주름버섯목/그물버섯과

여름~가을에 활엽수 또는 침엽수림 내 지상에 산생, 소수 군생한다. 표면은 건성이고, 다소 입상 모가 있으며, 옅은 점토색~황토갈색을 띠고, 상처 시 또는 성장 후에는 흑색으로 된다.

발생장소 활엽수·침엽수림 **발생시기** 여름~가을 **발생형태** 산생, 소수 군생 **갓의 지름** 2~8cm **갓의 모양** 반구형~편평형 **갓의 표면** 점토색~흑색 **갓의 관공** 유백색~황색 **갓의 점성** 없음 **대의 높이** 2.5~5cm **대의 모양** 원통형 **대의 표면** 황색~갈색

가지색그물버섯

균심균류/주름버섯목/그물버섯과

여름~가을에 활엽수림 또는 참나무류와 소나무류의 혼합림 내 지상에 단생, 소수 군생한다. 갓과 대가 암자색이고, 갓의 표면은 울퉁불퉁하며, 대 표면은 현저하게 돌출한 백색의 망목이 있으며, 조직은 백색으로 상처 시 변색하지 않는다.

발생장소 활엽수림·혼합림 **발생시기** 여름~가을 **발생형태** 단생, 소수 군생 **갓의 지름** 3~12cm **갓의 모양** 반구형~편평형 **갓의 표면** 암자색~갈색 **갓의 관공** 백색~황갈색 **갓의 점성** 있음(습할 때) **대의 높이** 4.5~11cm **대의 모양** 원통형 **대의 표면** 갈색~암자색

01 식용버섯 197

꾀꼬리그물버섯

균심균류/주름버섯목/그물버섯과

여름~가을에 활엽수림 내 지상에 산생, 소수 군생한다. 자실체 전체가 등황색으로 아름다운 가지색그물버섯의 조직은 두껍고, 상처 시 청색으로 변한다. 다소 독특한 냄새가 나며, 맛은 부드럽다.

발생장소 활엽수림 **발생시기** 여름~가을 **발생형태** 산생, 소수 군생 **갓의 지름** 4~13.5cm **갓의 모양** 반구형~편평형 **갓의 표면** 등색~등황색 **갓의 관공** 등색~등황색 **갓의 점성** 있음(습할 때) **대의 높이** 4.5~10.5cm **대의 모양** 원통형 **대의 표면** 등색~등황색

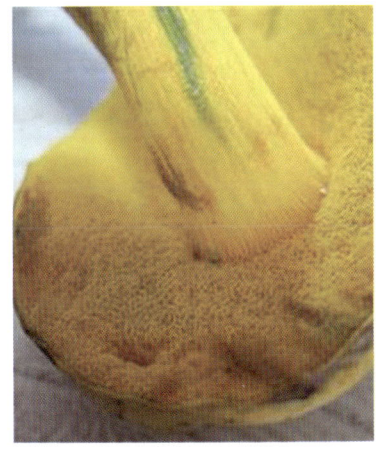

01 식용버섯 | 199

붉은그물버섯

균심균류/주름버섯목/그물버섯과

여름~가을에 주로 활엽수림 또는 혼합림의 지상, 특히 참나무 아래에 산생, 소수 군생한다. 갓 표면에 돌기반점이 있으며, 건조 시에 종종 미세하게 귀열상으로 갈라지고, 그 사이에 옅은 황색의 조직이 보인다.

발생장소 활엽수림 · 혼합림 **발생시기** 여름~가을 **발생형태** 산생, 소수 군생 **갓의 지름** 2.5~7.5cm **갓의 모양** 반구형~편평형 **갓의 표면** 암적색~적갈색 **갓의 관공** 황색 **갓의 점성** 없음 **대의 높이** 3~8cm **대의 모양** 원통형 **대의 표면** 황색~적황색

은빛쓴맛그물버섯

균심균류/주름버섯목/그물버섯과

여름~가을에 혼합림 내 지상에 단생 또는 소수 군생한다. 조직은 두껍고 육질형이며, 상처 시 변색하지는 않지만 벌레 먹은 주위는 종종 암적색을 띤다. 맛은 다소 쓰다.

발생장소 혼합림 **발생시기** 여름~가을 **발생형태** 단생, 소수 군생 **갓의 지름** 4~8.5cm
갓의 모양 반구형~편평형 **갓의 표면** 암적갈색 **갓의 관공** 갈색 **갓의 점성** 있음(습할 때)
대의 높이 7~11cm **대의 모양** 원통형 **대의 표면** 암자회색

01 식용버섯 | 203

황소쓴맛그물버섯

균심균류/주름버섯목/그물버섯과

여름~가을에 적송과 참나무의 혼합림 내 지상에 단생 또는 소수 군생한다. 갓과 대가 황갈색이고, 상처 시 옅은 분홍색~암올리브색으로 변하는 것이 특징이다.

발생장소 적송·참나무 혼합림 **발생시기** 여름~가을 **발생형태** 단생, 소수 군생 **갓의 지름** 4~8.5cm **갓의 모양** 반구형~편평형 **갓의 표면** 암적갈색 **갓의 관공** 갈색 **갓의 점성** 있음(습할 때) **대의 높이** 7~11cm **대의 모양** 원통형 **대의 표면** 암자회색

접시껄껄이그물버섯

균심균류/주름버섯목/그물버섯과

여름~가을에 참나무 졸참나무 등이 섞인 소나무 숲 또는 활엽수림의 지상에 산생 또는 종종 군생한다. 자실체가 대형이다. 조직은 두껍고, 백색~엷은 황색을 띠며, 상처 시 청변하지 않으나 다소 옅은 분홍갈색으로 되며, 초기에 치밀하나 성장하면 다소 부드러워진다. 맛과 냄새는 부드럽다.

발생장소 소나무 숲, 활엽수림 **발생시기** 여름~가을 **발생형태** 산생, 소수 군생 **갓의 지름** 7~25cm **갓의 모양** 반구형~편평형 **갓의 표면** 황토갈색 **갓의 관공** 황색 **갓의 점성** 있음 **대의 높이** 5~14cm **대의 모양** 원통형 **대의 표면** 황색

01 식용버섯 | 207

거친껄껄이그물버섯

균심균류/주름버섯목/그물버섯과

여름~가을에 활엽수림(주로 포플러 숲)의 지상에 단생, 소수 군생한다. 조직은 두껍고 백색이며, 상처 시 다소 옅은 분홍갈색으로 된다. 맛과 향기는 부드럽다.

발생장소 활엽수림 **발생시기** 여름~가을 **발생형태** 단생, 소수 군생 **갓의 지름** 4~9.5cm **갓의 모양** 반구형~편평형 **갓의 표면** 황갈색 **갓의 관공** 유백색~황백색 **갓의 점성** 없음 **대의 높이** 5~11cm **대의 모양** 원통형 **대의 표면** 유백색~회백색

01 식용버섯 | 209

귀신그물버섯

균심균류/주름버섯목/그물버섯과

여름~가을에 너도밤나무, 졸참나무, 신갈나무, 적송림 등 지상에 단생 또는 군생한다. 조직은 백색이나 상처 시 적색으로 변하고, 시간이 경과하면 흑색으로 변한다.

발생장소 너도밤나무 숲 등 **발생시기** 여름~가을 **발생형태** 단생, 소수 군생 **갓의 지름** 9~13.5cm **갓의 모양** 반구형 **갓의 표면** 진갈색~흑갈색 **갓의 관공** 회백색~갈흑색 **갓의 점성** 없음 **대의 높이** 4.5~15cm **대의 모양** 원통형 **대의 표면** 회백색

01 식용버섯 | 211

털귀신그물버섯

균심균류/주름버섯목/귀신그물버섯과

여름~가을에 혼합림 내 지상에 단생, 소수 군생한다. 성장 초기에는 표면이 평활하나 갈라져 무수한 꽃잎형 돌기가 형성되어 수국꽃모양을 이룬다.

발생장소 혼합림 **발생시기** 여름~가을 **발생형태** 단생, 소수 군생 **갓의 지름** 9~13.5cm
갓의 모양 반구형 **갓의 표면** 진갈색~흑갈색 **갓의 관공** 회백색~갈흑색 **갓의 점성** 없음
대의 높이 4.5~15cm **대의 모양** 원통형 **대의 표면** 회백색

01 식용버섯 | 213

털밤그물버섯

균심균류/주름버섯목/귀신그물버섯과

여름~가을에 참나무림, 적송림 또는 혼합림 내 지상에 단생, 소수 군생한다. 우리나라에서는 드물게 발생한다.

발생장소 혼합림 등 **발생시기** 여름~가을 **발생형태** 단생, 소수 군생 **갓의 지름** 4~11cm **갓의 모양** 반구형~편평형 **갓의 표면** 황토색~갈색 **갓의 관공** 황색~갈색 **갓의 점성** 없음 **대의 높이** 6~15cm **대의 모양** 원통형 **대의 표면** 적갈색

가죽밤그물버섯

균심균류/주름버섯목/귀신그물버섯과

여름~가을에 산림 내 그루터기 또는 그 주위에 산생 또는 소수 군생한다. 우리나라에는 드물게 발생한다. 갓과 대는 짙은 포도주색을 띠고, 두꺼운 표피가 갈라져 국화꽃 모양을 이룬다.

발생장소 산림의 그루터기 **발생시기** 여름~가을 **발생형태** 단생, 소수 군생 **갓의 지름** 4~11㎝ **갓의 모양** 반구형~편평형 **갓의 표면** 황토색~갈색 **갓의 관공** 황색~갈색 **갓의 점성** 없음 **대의 높이** 6~15㎝ **대의 모양** 원통형 **대의 표면** 적갈색

청버섯

균심균류/주름버섯목/무당버섯과

여름~가을에 주로 잡목림 내 지상에 산생 또는 소수 군생한다. 갓의 표면이 녹색~회녹색을 띠고, 성장하면 갓 표피가 갈라져 마치 깨진 기와를 늘어놓은 것처럼 된다. 옛날부터 널리 알려진 식용버섯이다.

발생장소 잡목림 **발생시기** 여름~가을 **발생형태** 산생, 소수 군생 **갓의 지름** 5~14cm **갓의 모양** 반구형~편평형 **갓의 표면** 녹색~회녹색 **갓의 주름** 백색~황백색 **갓의 점성** 없음 **대의 높이** 3~10cm **대의 모양** 원통형 **대의 표면** 백색~유백색

01 식용버섯 | 219

청머루무당버섯

균심균류/주름버섯목/무당버섯과

여름~가을에 활엽수림의 지상에 발생한다. 청머루무당버섯은 갓의 색이 자색, 옅은 적색, 청색, 녹색 또는 올리브색으로 다양한 색을 띤다. 조직은 비교적 두껍고, 백색이며, 상처 시 색 변화가 없다. 맛과 냄새는 부드럽다.

발생장소 활엽수림 **발생시기** 여름~가을 **발생형태** 산생 **갓의 지름** 4.5~15cm **갓의 모양** 반구형~깔때기형 **갓의 표면** 여러가지 색 **갓의 주름** 백색~유백색 **갓의 점성** 있음(습할 때) **대의 높이** 4~8cm **대의 모양** 원통형 **대의 표면** 백색

01 식용버섯 | 221

주름무당버섯

균심균류/주름버섯목/무당버섯과

가을에 혼합림 내 지상에 발생한다. 갓 모양이 초기에는 반구형이고, 끝은 안쪽으로 굽어 있으며 거의 대를 싸고 있으나 성장하면 끝이 퍼지며, 종종 깔때기형으로 된다. 종종 흙이나 낙엽이 부착되어 있다.

발생장소 혼합림 **발생시기** 가을 **발생형태** 산생 **갓의 지름** 5.5~14cm **갓의 모양** 반구형~깔때기형 **갓의 표면** 백색~담황색 **갓의 주름** 백색~유백색 **갓의 점성** 없음 **대의 높이** 2~7cm **대의 모양** 원통형 **대의 표면** 백색~유백색

01 식용버섯 | 223

젖버섯

균심균류/주름버섯목/무당버섯과

여름~가을까지 잡목림의 지상에서 단생 또는 소수 군생한다. 어릴 때는 갓 표면에 미분이 있는데, 시간이 경과하면 탈락한다. 조직은 유백색이나 상처 시 갈색으로 변하고, 맛과 냄새는 특별하지 않다. 유액은 백색이나 시간이 경과하면 갈색으로 변하고, 맛은 부드럽다.

발생장소 활엽수림 **발생시기** 여름~가을 **발생형태** 산생 **갓의 지름** 4.5~15cm **갓의 모양** 반구형~깔때기형 **갓의 표면** 등갈색~갈황색 **갓의 주름** 유백색~황색 **갓의 점성** 없음 **대의 높이** 2.5~9.5cm **대의 모양** 원통형 **대의 표면** 등갈색~갈황색

01 식용버섯 | 225

검은밤색젖버섯

균심균류/주름버섯목/무당버섯과

여름~가을에 혼합림 내 지상, 특히 참나무, 너도밤나무 등에 산생, 군생한다. 갓 표면은 건성이고, 초기에는 융단상 짧은 털이 밀포하고 있으나 곧 소실되며, 일반적으로 방사상으로 불규칙한 주름이 있다.

발생장소 혼합림 **발생시기** 여름~가을 **발생형태** 산생, 군생 **갓의 지름** 3.5~9cm **갓의 모양** 반구형~편평형 **갓의 표면** 암황색~흑갈색 **갓의 주름** 백색~등황색 **갓의 점성** 없음 **대의 높이** 3~8cm **대의 모양** 원통형 **대의 표면** 암황색~흑갈색

01 식용버섯

누룩젖버섯

균심균류/주름버섯목/무당버섯과

가을에 침엽수림, 특히 전나무와 분비나무 숲의 지상에 소수 무리지어 발생한다. 갓 표면은 초기에는 백색이나 점차 옅은 황색~회색을 띤다. 불분명한 짙은 색의 환문이 있다. 주름에 상처가 나면 적은 양의 유액이 나오는데, 초기에는 백색이나 곧 청록색으로 변한다.

발생장소 혼합림 **발생시기** 가을 **발생형태** 소수 군생 **갓의 지름** 4.5~18cm **갓의 모양** 반구형·깔때기형 **갓의 표면** 백색~회색 **갓의 주름** 백색~담황색 **갓의 점성** 있음(습할 때) **대의 높이** 4.5~6.5cm **대의 모양** 원통형 **대의 표면** 암황색~흑갈색

01 식용버섯 | 229

붉은젖버섯

균심균류/주름버섯목/무당버섯과

늦여름~가을에 혼합림 내 지상에 산생한다. 자실체 전체가 아름다운 등황색인데, 시간이 경과하여도 변색되지 않는다. 갓 표면은 습할 때 점성이 있고, 성장 초기에는 등황색을 띠나 성장하면 옅은 등황색 바탕에 짙은 색의 불완전한 환문이 있다. 맛은 부드럽고, 향기는 불분명하다.

발생장소 혼합림 **발생시기** 늦여름~가을 **발생형태** 산생 **갓의 지름** 4~15cm **갓의 모양** 반구형~깔때기형 **갓의 표면** 등황색 **갓의 주름** 등황색 **갓의 점성** 있음(습할 때) **대의 높이** 3.5~9cm **대의 모양** 원통형 **대의 표면** 등황색

01 식용버섯 | 231

젖버섯아재비

균심균류/주름버섯목/무당버섯과

늦여름~가을(특히 가을)에 주로 적송림 내 지상에 단생 또는 소수 군생한다. 갓 표면에 짙은 색의 환무늬가 있고, 상처 부분은 청록색으로 변한다.

발생장소 적송림 **발생시기** 늦여름~가을 **발생형태** 단생, 소수 군생 **갓의 지름** 3.5~11cm **갓의 모양** 반구형~깔때기형 **갓의 표면** 연갈색~황적갈색 **갓의 주름** 연적갈색 **갓의 점성** 있음(습할 때) **대의 높이** 2~6.5cm **대의 모양** 원통형 **대의 표면** 연갈색~황적갈색

01 식용버섯 | 233

흰굴뚝버섯

균심균류/민주름버섯목/굴뚝버섯과

흰굴뚝버섯은 가을에 송이 발생이 끝날 무렵이면, 소나무 숲, 특히 20년생이 안 된 잔솔밭에 주로 발생한다. 일반적으로 대가 짧아 솔잎이나 낙엽 속에 싸여 있어 쉽게 발견할 수 없으나, 봉긋한 낙엽을 제쳐보면 그 속에 하나둘씩 또는 서너 개가 무리지어 나타난다.

발생장소 소나무 숲 **발생시기** 가을 **발생형태** 산생, 소수 군생 **갓의 크기** 5~21cm **갓의 모양** 반구형~편평형 **갓의 표면** 회백색~적갈색 **갓의 관공** 백색~회색 **갓의 점성** 없음 **대의 높이** 2~8cm **대의 모양** 원통형 **대의 표면** 회백색

01 식용버섯 | 235

초록방패버섯

균심균류/민주름버섯목/방패버섯과

가을에 침엽수림 내 지상에 군생 또는 단생하는데, 여러 개가 융합(맥관연락)하여 발생한다. 갓 표면은 초기에는 청록색이거나 아름다운 하늘색인데, 후에 점차 퇴색되어 회갈색으로 된다.

발생장소 침엽수림 **발생시기** 가을 **발생형태** 소수 군생 **갓의 크기** 2~17cm **갓의 모양** 부정원형 **갓의 표면** 청록색~회갈색 **갓의 관공** 연청색 **갓의 점성** 없음 **대의 높이** 3~6cm **대의 모양** 뭉툭형. **대의 표면** 연청색~등황색

01 식용버섯 | 237

다발방패버섯

균심균류/민주름버섯목/방패버섯과

가을에 침엽수림, 특히 소나무 숲의 지상에 발생하며, 전체가 황백색이고, 여러 개의 갓이 맥관연락하여 집단으로 성장한다. 조직은 백색을 띠고, 두껍고, 유연하나 건조하면 단단해지며, 맛은 약간 쓰고, 냄새는 일반적인 버섯향이다.

발생장소 침엽수림 **발생시기** 가을 **발생형태** 소수 군생 **갓의 크기** 4~14cm **갓의 모양** 부채형 **갓의 표면** 황백색 **갓의 관공** 황백색 **갓의 점성** 없음 **대의 높이** 2.5~8cm **대의 모양** 편압원통형 **대의 표면** 담황색~갈색

01 식용버섯 | 239

꾀꼬리버섯

균심균류/민주름버섯목/꾀꼬리버섯과

여름~가을에 혼합림 내의 지상에 군생 또는 산생한다. 씹을 때 살구향이 짙다. 이 향 때문에 특히 유럽인들은 꾀꼬리버섯을 아주 좋아한다. 조직은 약간 두꺼우며, 육질형이고, 옅은 황색을 띤다. 맛은 부드러우며, 아주 미세한 살구향이 난다.

발생장소 혼합림 **발생시기** 여름~가을 **발생형태** 산생, 소수 군생 **갓의 지름** 3~9cm **갓의 모양** 반구형~깔때기형 **갓의 표면** 난황색 **갓의 주름** 난황색 **갓의 점성** 없음 **대의 높이** 1.5~6.5cm **대의 모양** 원통형 **대의 표면** 난황색

01 식용버섯 | 241

애기꾀꼬리버섯

균심균류/민주름버섯목/꾀꼬리버섯과

여름~가을에 혼합림 내 지상에 무리지어 발생한다. 자실체가 소형으로, 전체가 황색~난황색을 띠며, 갓 표면이 파상으로 굴곡이 져서 오이꽃 모양이 된다. 조직은 얇고, 황색을 띠며, 밀납질이다. 맛과 향기는 부드럽다.

발생장소 혼합림 **발생시기** 여름~가을 **발생형태** 산생, 소수 군생 **갓의 지름** 0.8~3㎝ **갓의 모양** 반구형~깔때기형 **갓의 표면** 등황색 **갓의 주름** 등황색 **갓의 점성** 없음 **대의 높이** 0.8~4.5㎝ **대의 모양** 원통형 **대의 표면** 등황색

황금나팔꾀꼬리버섯

균심균류/민주름버섯목/꾀꼬리버섯과

가을에 침엽수림 내 지상에 군생한다. 갓 표면은 섬유상 인편과 주름이 방사상으로 배열되어 있으며, 갓 끝과 주변에는 거친 섬유상 모가 많다. 조직은 다소 탄력이 있고, 질기며, 얇고, 부드러운 섬유질이다. 맛은 부드럽고, 냄새는 불분명하다.

발생장소 침엽수림 **발생시기** 가을 **발생형태** 군생 **갓의 지름** 0.8~3cm **갓의 모양** 반구형~나팔형 **갓의 표면** 등황색~황백색 **갓의 주름** 등황색~황백색 **갓의 점성** 없음 **대의 높이** 0.8~4.5cm **대의 모양** 원통형 **대의 표면** 등황색~황백색

01 식용버섯

회색나팔꾀꼬리버섯

균심균류/민주름버섯목/꾀꼬리버섯과

여름~가을에 숲속 지상 습한 곳에 군생한다. 갓 모양은 성장 초기에도 나팔형이며, 나팔홈은 대 기부까지 관통되어 이어져 있고, 갓 끝 부위는 안쪽으로 말려 있으나 성장하면 펴지며 종종 파상형으로 되기도 한다. 조직은 얇고, 회색을 띠며, 탄력성이 있고, 맛과 향기는 부드럽다.

발생장소 모든 숲 **발생시기** 여름~가을 **발생형태** 군생 **갓의 지름** 1.8~4cm **갓의 모양** 나팔형 **갓의 표면** 등황색~황백색 **갓의 주름** 등황색~황백색 **갓의 점성** 없음 **대의 높이** 0.8~3cm **대의 모양** 원통형 **대의 표면** 등황색~황백색

01 식용버섯 | 247

나팔버섯

균심균류/민주름버섯목/나팔버섯과

여름~가을에 침엽수림 내 또는 혼합림 내 지상에 단생 또는 군생한다. 어린 시기에는 등황색, 황색 황토색 등으로 선명하고 아름다운 색을 띠나 성장하거나 비온 뒤에는 퇴색된다. 조직은 얇고, 다소 탄력성이 있으며, 옅은 황백색을 띤다. 맛과 향기는 불분명하다. 경우에 따라서는 복통과 설사를 하므로, 데쳐서 물은 버리고 들기름과 함께 요리하면 맛도 있고 탈도 없다.

발생장소 모든 숲 **발생시기** 여름~가을 **발생형태** 군생 **갓의 지름** 1.8~4cm **갓의 모양** 나팔형 **갓의 표면** 등황색~황백색 **갓의 주름** 등황색~황백색 **갓의 점성** 없음 **대의 높이** 0.8~3cm **대의 모양** 원통형 **대의 표면** 등황색~황백색

녹변나팔버섯

균심균류/민주름버섯목/나팔버섯과

가을에 침엽수림 내 또는 혼합림 내 지상에 단생 또는 군생한다. 나팔버섯과 유사하나 자실체 전체가 적색 또는 황색 등 선명한 색을 띠지 않는다. 녹변나팔버섯도 경우에 따라서는 복통과 설사를 일으키므로 나팔버섯과 같은 방법으로 요리해 먹어야 한다.

발생장소 침엽수·혼합림 **발생시기** 가을 **발생형태** 단생, 소수 군생 **갓의 지름** 5.5~12㎝
갓의 모양 나팔형 **갓의 표면** 황토색~황갈색 **갓의 주름** 황색~황백색 **갓의 점성** 없음
대의 높이 2~5.5㎝ **대의 모양** 원통형 **대의 표면** 황색~황백색

01 식용버섯 | 251

뿔나팔버섯

균심균류/민주름버섯목/나팔버섯과

여름~가을에 혼합림 내 지상에 단생, 소수 군생한다. 갓 끝 부위부터 대 기부까지 홈이 관통되어 있다. 조직은 얇고 탄력성이 있으며, 회색을 띠고, 맛과 향기는 부드럽다.

발생장소 침엽수·혼합 **발생시기** 가을 **발생형태** 단생, 소수 군생 **갓의 지름** 2.5~5cm **갓의 모양** 나팔형 **갓의 표면** 흑갈색 **갓의 주름** 회갈색 **갓의 점성** 없음 **대의 높이** 3~7cm **대의 모양** 원통형 **대의 표면** 회갈색

턱수염버섯

균심균류/민주름버섯목/턱수염버섯과

여름~가을에 침엽수와 참나무가 혼합된 혼합림 내 지상에 군생한다. 갓의 하면에 송곳 모양의 길고 짧은 돌기(길이 4~8㎜)가 있으며, 이 돌기는 종종 대의 하부에까지 밀포되어 있는 경우도 있다. 조직은 백색이며, 다소 두껍고, 부드러우며, 다소 단단하나 잘 부서지고, 맛과 향기는 부드럽다.

발생장소 혼합림 **발생시기** 여름~가을 **발생형태** 군생 **갓의 크기** 3~9cm **갓의 모양** 반구형~편평형 **갓의 표면** 담황색~살구색 **갓의 점성** 없음 **대의 크기** 2~8cm **대의 모양** 원통형 **대의 표면** 담황색~살구색

01 식용버섯 | 255

침버섯

균심균류/민주름버섯목/턱수염버섯과

여름~가을에 활엽수 고사목에 군생한다. 자실체가 백색이며, 부채형이고, 갓 하면은 침상돌기가 있다. 일반적으로 갓의 측면이 기질에 직접 부착되어 있고, 다수 중첩으로 발생한다. 조직은 다소 두껍고 백색을 띠며, 성장 초기에는 유연하고 육질형이나 성장 후에는 향이 강하게 나며, 건조시에는 가죽처럼 질기고, 무미 무취하다.

발생장소 활엽수 고사목 **발생시기** 여름~가을 **발생형태** 군생 **갓의 크기** 3~7㎝ **갓의 모양** 부채형 **갓의 표면** 백색~황백색 **갓의 점성** 없음 **대의 크기** 없음 **대의 모양** 없음 **대의 표면** 없음

01 식용·버섯 | 257

꽃송이버섯

균심균류/민주름버섯목/꽃송이버섯과

가을에 침엽수, 특히 전나무의 그루터기 또는 그 주위에 발생하며, 뿌리에 기생한다. 대는 짧고 뭉툭하며, 위쪽으로 반복하여 갈라져 짧은 분지를 수없이 형성하고, 분지는 얇고 파상 꽃잎형의 갓으로 된다.

발생장소 침엽수림 **발생시기** 가을 **발생형태** 단생 **체의 크기** 9.5~23㎝ **체의 모양** 해초형 **체의 표면** 백색~갈색 **체의 점성** 없음 **대의 크기** 2.5~5.5㎝ **대의 모양** 짧은 뭉툭형 **대의 표면** 백색~갈색

01 식용버섯 | 259

노루궁뎅이버섯

균심균류/민주름버섯목/노루궁뎅이버섯과

가을에 떡갈나무, 너도밤나무 등의 생목의 상처 부위, 고목 또는 잘린 부위에 발생한다. 전체가 백색이고, 주먹모양 또는 짧고 뭉툭한 원통형의 대에서 길게 늘어진 수염이 마치 염소나 사슴 또는 노루 꼬리를 닮은 모양이다.

발생장소 떡갈나무, 너도밤나무 **발생시기** 가을 **발생형태** 단생 **자실체의 크기** 8~23cm
자실체의 모양 수염형 **자실체의 표면** 백색~다갈색 **자실체의 점성** 없음 **대의 크기** 없음
대의 모양 없음 **대의 표면** 없음

산호침버섯

균심균류/민주름버섯목/노루궁뎅이버섯과

가을에 활엽수의 생목의 상처부위, 고목 또는 잘린 부위에 발생한다. 전체가 백색이고, 각 분지와 분지 끝에서 수양버들 모양의 긴 수염이 늘어져 있어 나무줄기에 산호가 거꾸로 부착되어 있는 모양이다. 매우 드물게 발생한다.

발생장소 활엽수림 **발생시기** 가을 **발생형태** 단생 **자실체의 크기** 8~21cm **자실체의 모양** 산호형 **자실체의 표면** 백색~다갈색 **자실체의 점성** 없음 **대의 크기** 없음 **대의 모양** 없음 **대의 표면** 없음

01 식용버섯 | 263

까치버섯

균심균류/민주름버섯목/굴뚝버섯과

가을에 침엽수림, 활엽수림 또는 혼합림 내 지상에 발생한다. 염장을 하면 이듬해 봄까지 먹을 수 있고, 신선할 때 끓는 물에 살짝 데쳐서 초고추장에 찍어 먹거나 무쳐서 먹는다. 맛은 쓰고 해초 냄새가 나며, 건조 시에는 냄새가 더 강하게 난다.

발생장소 모든 수림 **발생시기** 가을 **발생형태** 단생 **자실체의 크기** 7~31cm **갓의 모양** 잎새형 **갓의 표면** 회청색~흑청색 **갓의 점성** 없음 **대의 크기** 2~4.5cm **대의 모양** 원통 **대의 표면** 회청색~흑청색

01 식용버섯 | 265

잎새버섯

균심균류/민주름버섯목/구멍장이버섯과

가을에 졸참나무, 물푸레나무의 뿌리 근처에 기생하여 다발로 발생한다. 잎새버섯은 하나의 흰색의 뭉툭한 대에서 수많은 분지가 형성되고, 그 위에 회갈색의 부채형 작은 갓이 둥글게 무리를 이루고 있어 마치 공작꼬리를 연상하게 한다. 매우 드물게 발생한다.

발생장소 졸참나무 뿌리　**발생시기** 가을　**발생형태** 소수 군생　**갓의 크기** 2~4.5cm　**갓의 모양** 부채형　**갓의 표면** 흑갈색~회갈색　**갓의 관공** 백색　**갓의 점성** 없음　**대의 높이** 2.5~5cm　**대의 모양** 뭉툭형.　**대의 표면** 유백색~담황색

덕다리버섯

균심균류/민주름버섯목/구멍장이버섯과

여름~가을까지 침엽수와 활엽수 모두의 생목 또는 고목에 발생한다. 덕다리버섯은 자실체가 유황색을 띠며, 대형이고, 고기비늘처럼 중복하여 발생한다. 식용버섯이긴 하지만 어린 시기 또는 신선할 때에만 식용이 가능하다.

발생장소 침엽수·활엽수 **발생시기** 여름~가을 **발생형태** 소수 군생 **갓의 크기** 8~27㎝ **갓의 모양** 부채형 **갓의 표면** 유황색~갈백색 **갓의 관공** 유백색 **갓의 점성** 없음 **대의 높이** 없음 **대의 모양** 없음 **대의 표면** 없음

01 식용버섯 | 269

붉은덕다리버섯

균심균류/민주름버섯목/구멍장이버섯과

여름~가을까지 침엽수와 활엽수 모두의 생목 또는 고목에 발생한다. 붉은덕다리버섯은 덕다리버섯의 변종으로 자실체의 색 외에는 다른 점이 없다. 이 버섯 역시 식용버섯이긴 하지만 덕다리버섯처럼 어린 시기 또는 신선할 때에만 식용이 가능하다.

발생장소 침엽수・활엽수 **발생시기** 여름~가을 **발생형태** 소수 군생 **갓의 크기** 11~28cm **갓의 모양** 부채형 **갓의 표면** 황적색~황백색 **갓의 관공** 연황적색 **갓의 점성** 없음 **대의 높이** 없음 **대의 모양** 없음 **대의 표면** 없음

01 식용버섯 | 271

목이

이담자균류/목이목/목이과

여름~가을, 장마철에 활엽수의 고목에서 군생한다. 갓 윗면의 중앙 부위 또는 일부가 기주에 부착되어 있다. 조직은 습할 때는 젤라틴질이고, 유연하며, 탄력성이 있으나 건조하면 수축하여 굳어지며, 각질화 된다. 물에 담그면 원상태로 버섯 모양이 되살아난다. 갓의 윗면에 아주 작은 짧은 백색 털이 밀포되어 있다. 중국요리에 주로 이용되고 있으나, 국내에서도 잡채 요리 등에 쓰이고 있다.

발생장소 활엽수 고목 **발생시기** 장마철 **발생형태** 군생 **갓의 크기** 2~5.5cm **갓의 모양** 주발모양 **갓의 표면** 연갈색~흑갈색 **갓의 점성** 있음(습할 때) **대의 높이** 없음 **대의 모양** 없음 **대의 표면** 없음

01 식용버섯 | 273

털목이

이담자균류/목이목/목이과

여름~가을, 장마철에 활엽수의 고목 또는 가지 위에 군생한다. 털목이는 자실체의 크기가 목이보다 좀 더 크다는 것과 갓의 전면에 백색털이 더 현저하게 직립해 있다는 것 외에는 생태가 목이와 거의 똑같다. 요리를 하면 목이보다는 맛이 떨어진다.

발생장소 활엽수 고목 **발생시기** 장마철 **발생형태** 군생 **갓의 크기** 2.5~6.5㎝ **갓의 모양** 귀모양 **갓의 표면** 연갈색~흑갈색 **갓의 점성** 있음(습할 때) **대의 높이** 없음 **대의 모양** 없음 **대의 표면** 없음

01 식용버섯 | 275

흰목이_은이

이담자균류/목이목/흰목이과

초여름~가을에 활엽수 고사목에 발생한다. 흰목이는 일반적으로 나무의 수피가 갈라진 곳에서 나온다. 조직은 비교적 얇고, 반투명하며, 젤라틴 질이고, 신선하거나 습할 때는 부드러우나 건조하면 단단하며, 수축된다. 물에 넣으면 다시 원상태로 회복된다. 맛은 부드럽고 해초를 씹는 감촉이 있다. 중국에서는 '은이(銀耳)'라 하며, 불로장생의 효과가 있다 하여 고급요리에 사용하고 있다.

발생장소 활엽수 고사목 **발생시기** 초여름~가을 **발생형태** 군생 **자실체의 크기** 4.5~12㎝ **자실체의 모양** 닭벼슬 모양 **자실체의 표면** 백색 **자실체의 점성** 있음(습할 때) **대의 높이** 없음 **대의 모양** 없음 **대의 표면** 없음

01 식용버섯 | 277

꽃흰목이

이담자균류/목이목/흰목이과

초여름~가을에 활엽수의 고사목에 발생한다. 흰목이처럼 일반적으로 나무의 수피가 갈라진 곳에서 나온다. 흰목이와 매우 비슷하나, 자실체 전체가 갈색을 띤다는 점에서 쉽게 구별된다.

발생장소 활엽수 고사목 **발생시기** 초여름~가을 **발생형태** 군생 **자실체의 크기** 4.5~10.5 ㎝ **자실체의 모양** 닭벼슬 모양 **자실체의 표면** 갈색 **자실체의 점성** 있음(습할 때) **대의 높이** 없음 **대의 모양** 없음 **대의 표면** 없음

01 식용버섯 | 279

좀목이

이담자균류/목이목/흰목이과

초여름~가을에 활엽수의 고사목에 발생한다. 좀목이도 흰목이처럼 일반적으로 나무의 수피가 갈라진 곳에서 나온다. 좀목이는 뇌모양으로 깊은 주름이 있으며, 자실체 전체가 갈색~갈흑색을 띤다.

발생장소 활엽수 고사목 **발생시기** 초여름~가을 **발생형태** 군생 **자실체의 크기** 4.5~10.5 cm **자실체의 모양** 닭벼슬 모양 **자실체의 표면** 갈색~갈흑색 **자실체의 점성** 있음(습할 때) **대의 높이** 없음 **대의 모양** 없음 **대의 표면** 없음

01 식용버섯 | 281

혓바늘목이

이담자균류/목이목/흰목이과

여름~가을에 삼나무 생목의 수피에 하나씩 또는 무리지어 발생한다. 가시형 돌기가 전면에 돋아나 있다. 갓은 초기에는 순백색을 띠다, 성장하면 다소 옅은 황색으로 변색된다. 조직은 젤라틴 질이며, 부드럽고, 반투명성이며, 맛과 향기는 불분명하다.

발생장소 삼나무 생목 **발생시기** 여름~가을 **발생형태** 단생, 소수 군생 **자실체의 크기** 2~4.5cm **자실체의 모양** 조개 모양 **자실체의 표면** 백색~연갈색 **자실체의 점성** 없음 **대의 높이** 없음 **대의 모양** 없음 **대의 표면** 없음

01 식용버섯 | 283

말징버섯

복균류/말불버섯목/말불버섯과

여름~가을에 혼합림 내 지상에 유기물이나 낙엽이 많이 쌓인 곳에 군생한다. 자실체 전체의 모양은 표주박형이며, 말불버섯과 비슷하다. 말징버섯은 크기가 주먹만 하고 머리모양이며, 포자가 성숙하면 위에서부터 바람에 날아가 없어진다.

발생장소 혼합림 **발생시기** 여름~가을 **발생형태** 소수 군생 **자실체의 크기** 6~11cm **머리의 모양** 유구형 **머리의 표면** 황갈색 **갓의 점성** 없음 **대의 높이** 3~5cm **대의 모양** 원통형 **대의 표면** 연황갈색

01 식용버섯 | 285

말불버섯

복균류/말불버섯목/말불버섯과

여름~가을에 도로변 침엽수림 또는 침엽수와 활엽수 혼합림 내 부식질이 많은 곳에 산생 또는 무리지어 발생한다. 독이 있는 비슷한 버섯이 많으므로 주의해야 한다. 버섯을 잘랐을 때 속이 백색이면 식용이 가능하다.

발생장소 침엽수림·혼합림 **발생시기** 여름~가을 **발생형태** 산생, 소수 군생 **자실체의 크기** 3~7cm **머리의 모양** 유구형 **머리의 표면** 백색~황갈색 **갓의 점성** 없음 **대의 높이** 3~5cm **대의 모양** 원통형 **대의 표면** 백색~황갈색

01 식용버섯 | 287

좀말불버섯

복균류/말불버섯목/말불버섯과

여름~가을에 활엽수림, 침엽수림 또는 침엽수와 활엽수 혼합림 내 그루터기 또는 뿌리 주위에 산생 또는 무리지어 발생한다. 식용버섯이긴 하지만 버섯을 잘랐을 때 속이 백색이면 식용 가능하나, 포자가 성숙하여 옅은 갈색으로 변한 후에는 맛이 없다.

발생장소 침엽수림 · 혼합림 **발생시기** 여름~가을 **발생형태** 산생, 소수 군생 **자실체의 크기** 3~5.5cm **머리의 모양** 유구형 **머리의 표면** 백색~황갈색 **갓의 점성** 없음 **대의 높이** 3~5cm **대의 모양** 원통형 **대의 표면** 백색~황갈색

01 식용버섯 | 289

말뚝버섯

복균류/말불버섯목/말불버섯과

여름~가을에 정원, 대나무밭, 산길가, 울타리 주변, 혼합림 또는 활엽수림 내 매몰된 그루터기 주위에 단생 또는 군생한다. 전국 어디서나 흔히 볼 수 있다. 유럽에서는 말뚝버섯을 마녀의 알(witch's egg)이라고 부른다. 이것은 작은 달걀모양의 둥근 알에서 말뚝 모양의 버섯이 갑자기 나타나 빨리 자라는 데서 붙여진 이름일 것이다. 알 시기에만 식용한다.

발생장소 활엽수림·혼합림 **발생시기** 여름~가을 **발생형태** 단생, 소수 군생 **자실체의 크기** 4~6cm **머리의 모양** 구형 **머리의 표면** 백색~연황색 **갓의 점성** 있음 **대의 높이** 3~5cm **대의 모양** 원통형 **대의 표면** 백색~연황색

01 식용버섯 | 291

망태버섯

복균류/말불버섯목/말불버섯과

여름 장마철과 가을, 1년에 2회 대나무밭에 군생 또는 산생한다. 갓 표면에는 짙은 갈녹색의 기본체가 있으며, 그 외부는 옅은 황색의 두꺼운 젤라틴 층이 있고, 외부는 백색의 막질인 외피막으로 둘러싸여 있다. 갓과 대 사이에서 백색의 그물치마가 분당 2~4mm씩 빠르게 아래쪽으로 자라며, 대부분 대 기부까지 자란다. 유럽에서는 여왕버섯(Queen mushroom)이라 불리고 있으며, 매우 우아하고 아름다운 버섯이다. 중국에서는 죽순 등과 함께 요리에 사용한다.

발생장소 대나무밭 **발생시기** 여름 장마철, 가을 **발생형태** 산생, 소수 군생 **갓의 크기** 3.5~5cm **갓의 모양** 종형 **갓의 표면** 백색~연황색 **갓의 점성** 있음 **대의 높이** 12~19cm **대의 모양** 원통형 **대의 표면** 백색~연황색

01 식용버섯 293

노란망태버섯

복균류/말불버섯목/말불버섯과

여름 장마철과 가을, 1년에 2회, 혼합림 내 또는 대나무밭에 군생 또는 산생한다. 그물치마가 황색인 점을 제외하고는 모든 면에서 망태버섯과 매우 유사하다.

발생장소 혼합림·대나무밭 **발생시기** 여름 장마철, 가을 **발생형태** 산생, 소수 군생 **갓의 크기** 3~5cm **갓의 모양** 종형 **갓의 표면** 연황~황색 **갓의 점성** 있음 **대의 높이** 12~18cm **대의 모양** 원통형 **대의 표면** 백색~연황색

01 식용버섯 | 295

곰보버섯

자낭균류/주발버섯목/곰보버섯과

봄(4~5월)에 활엽수림, 특히 벚나무, 물푸레나무 숲의 지상에 산생, 소수 군생한다. 국내에서는 다소 드물게 발생하나 우리나라 전역에서 발견된다. 1년 중에 4~5월에만 발생하고, 갓의 표면이 호두껍질처럼 홈이 있고, 황토색을 띤다.

발생장소 활엽수림 **발생시기** 4~5월 **발생형태** 산생, 소수 군생 **갓의 크기** 4.5~12cm **갓의 모양** 원추형 **갓의 표면** 황토색 **갓의 점성** 없음 **대의 높이** 4.5~11cm **대의 모양** 원통형 **대의 표면** 백색

01 식용버섯 | 297

알버섯

복균류/알버섯목/알버섯과

여름 장마철과 가을에 침엽수림에 발생하는데, 주로 땅속에 매몰되어 있으며, 군생 또는 산생한다. 자실체는 작은 감자모양이다. 어린 시기에는 유백색이나 상처 시 또는 손으로 문지르면 옅은 적색~옅은 적갈색으로 변하며, 마지막에는 암갈색~흑갈색을 띤다. 기부에는 옅은 자갈색의 뿌리모양이 있다. 특유한 향이 있으나 성장 후에는 다소 악취가 난다.

발생장소 혼합림·대나무밭 **발생시기** 여름 장마철, 가을 **발생형태** 산생, 소수 군생 **자실체의 크기** 1.5~4.5㎝ **갓의 모양** 감자모양 **갓의 표면** 유백색~흑갈색 **갓의 점성** 없음 **대의 높이** 없음 **대의 모양** 없음 **대의 표면** 없음

복령

균심균류/민주름버섯목/구멍장이버섯과

여름~가을에 주로 지하에 있는 적송의 뿌리에 형성되된다. 복령은 소나무 뿌리에 생성되고 크기는 일반적으로 7~31cm이고, 그 이상 되는 것도 있다. 감자모양이고, 표면은 적갈색, 흑적갈색, 갈회색을 띠며, 때로는 뿌리를 둘러싸고 있다. 조직은 백색~옅은 분홍색을 띠나 건조하면 백색을 띠고, 속은 차 있다. 오랜 옛날부터 한방에서는 이뇨제로 사용되어 왔고, 한약 재료로서 백봉령과 적봉령이 있다.

『동의보감』에는 '입맛을 좋게 하고 구역을 멈추며, 마음과 정신을 안정시킨다. 폐위로 담이 막힌 것을 낫게 하며, 신장에 있는 나쁜 기운을 몰아내며 소변을 잘 나오게 한다. 수종과 임병(淋病)으로 오줌이 막힌 것을 잘 나오게 하며, 소갈을 멈추게 하고 건망증을 낫게 한다'고 적혀 있다.

복령을 식용할 때, 주의해야 할 것은 복령은 닭과 같이 쓰면 효과가 더욱 좋아지지만 버드나무와 같이 쓰면 독약이 된다는 점이다.

01 식용버섯 | 301

싸리버섯

균심균류/민주름버섯목/싸리버섯과

여름~가을에 활엽수림, 특히 너도밤나무 숲의 지상에 대량으로 군생 또는 단생한다. 자실체는 위쪽으로 계속 반복하여 분지가 형성되고, 마지막 분지는 짧고 뭉툭하다. 조직은 단단하며, 맛은 부드럽고 향기가 좋다.

발생장소 활엽수림　**발생시기** 여름~가을　**발생형태** 단생, 군생　**자실체의 크기** 6~15㎝　**자실체의 모양** 산호형　**자실체의 표면** 담분홍색　**자실체의 점성** 없음　**대의 크기** 3~5㎝　**대의 모양** 덩이형　**대의 표면** 백색~담황색

좀나무싸리버섯

균심균류/민주름버섯목/싸리버섯과

여름~가을에 활엽수 고사목, 특히 표고 재배 후 버려진 폐목에 많이 발생하는데, 종종 침엽수 고목에도 발생한다. 조직은 유백색~옅은 황토색이나 상처 시 적갈색으로 서서히 변하며 최종적으로 흑색으로 된다. 맛과 향기는 부드럽다.

발생장소 활엽수 고사목 **발생시기** 여름~가을 **발생형태** 단생 **자실체의 크기** 7~15㎝ **자실체의 모양** 산호형 **자실체의 표면** 백색~연갈색 **자실체의 점성** 없음 **대의 크기** 1.3~2.5㎝ **대의 모양** 왕관형 **대의 표면** 백색~연갈색

01 식용버섯 | 305

The Mushroom

of Korea

02
독버섯

붉은싸리버섯

늦은 여름~가을에 활엽수림 내의 지상에 무리지어 발생한다. 전국에서 흔히 볼 수 있는 종이다. 붉은싸리버섯의 전형적인 특징은 신맛이 나고, 마르면 조직이 분필처럼 부서진다. 독성 준독성. 위와 장에 영향을 주어, 오식하면 주로 설사를 한다.

황금싸리버섯

늦은 여름~가을에 활엽수림 내의 지상에 무리지어 발생한다. 전국에서 흔히 볼 수 있는 종이다. 꽃양배추모양이며, 분지는 짧고 빽빽하며, 신맛이 나고, 마르면 조직은 분필처럼 부서진다. 독성 준독성. 위와 장에 영향을 주어, 오식하면 주로 설사를 한다.

노랑싸리버섯

늦여름–가을에 활엽수림 또는 침엽수림 내 지상에 무리지어 발생한다. 싸리버섯류 중에는 노랑싸리버섯과 유사한 황색을 띠는 싸리버섯류가 많이 있어 혼동하기 쉽다. 독성 준독성. 위장·간에 작용하는 독소를 가진 준독성 버섯으로, 종종 설사를 하나 시간이 지나면 자연 치유된다.

자주색싸리버섯

늦여름~가을에 활엽수림 또는 혼합림 내 지상에 무리지어 발생한다. 자주색싸리버섯은 노란색을 띠는 싸리버섯류 중에서 상처시에 대의 기부에서부터 자적색으로 변하는 유일한 종이다. 독성 준독성. 위장·간에 작용하는 독소를 가진 준독성 버섯으로, 종종 설사를 하나 시간이 지나면 자연 치유된다.

미치광이버섯

여름~가을에 활엽수 고사목의 그루터기 주위, 또는 살아 있는 나무의 뿌리 주위에 발생한다. 드물게는 침엽수림에서도 발생한다. 독성 준독성. 신경계통에 자극을 주어 환각 증상을 일으키는 버섯으로 맹독성이 아니며, 시간이 지나면 자연 치유가 된다.

갈잎에밀종버섯

여름~가을에 침엽수림 또는 활엽수림 내 이끼 사이에 발생한다. 독성 맹독성. 독성분 중에 치명적인 독성분인 아마니틴(Amanitin)을 함유하고 있다는 보고가 있으므로 요주의를 해야 하는 버섯이다. 아마니틴은 몸의 여러 부위의 세포를 파괴해, 버섯을 먹은 뒤 6~12시간이 지나면 사망에 이르게 된다.

노란젖버섯

가을에 소나무림(적송) 내 또는 활엽수림 내 지상에 발생한다. 냄새무당버섯과 마찬가지로 갓 표면은 성장 초기에 밝은 적색을 띠나, 비가 온 후 시간이 경과하면 퇴색하여 옅은 분홍색을 띤다. 맛은 매우 맵다. 독성 준독성. 생식을 하면 중독되나, 끓여서 요리를 하면 매운 맛이 없어지고 중독되지 않는다.

흠집남빛젖버섯

여름-가을에 주로 침엽수림 내 지상에 매우 드물게 발생한다. 갓 표면은 상처 시 황색~옅은 갈색으로 변하고, 주름살은 상처 시 약간 어두운 적갈색으로 변한다. 유액은 대단히 맵고 다량이다. 냄새는 과일 향이 난다. 노출된 유액은 유황색으로 급격히 변한다. 독성 맹독성.

점박이어리알버섯

늦여름~가을에 활엽수림 또는 혼합림 내, 정원, 산길 주변의 지상에 무리지어 발생한다. 자실체는 서양배 모양이며, 하부는 좁아지며, 대 모양을 형성하나 경계는 불분명하다. 표면은 약간 질기고 얇은 단층의 외표피막으로 싸여 있으며, 성숙하면 미세한 인편으로 갈라진다. 독성 맹독성.

사슴뿔버섯

여름~가을에 활엽수 또는 침엽수의 그루터기 위 또는 그루터기 주위에 발생하며, 비교적 드물게 발생한다. 매우 딱딱한 적색 사슴뿔 모양의 자실체가 다른 종과 쉽게 구별된다. 독성 맹독성. 맛을 본 후에 5~10시간 후에 목젖이 부어 침을 삼키기 힘들 정도이며, 2~3일 동안 고생한다.

노란꼭지버섯

여름~가을에 혼합림 내 지상에 산생, 단생 또는 소수 무리지어서 발생한다. 노란꼭지버섯은 전체가 황색을 띠고, 대부분 갓의 중앙 부위에 연필심 모양의 뾰죽한 돌기가 있으나 드물게는 떨어져 없다. 특히 한국 등 극동아시아에서 흔하게 발생하는 종이다. 독성 맹독성.

흰꼭지버섯

여름~가을에 혼합림 내 지상에 산생, 단생 또는 소수 무리지어서 발생한다. 자실체의 전체가 백색이란 점만 노란꼭지버섯과 다르나, 노란꼭지버섯이 성장하여 퇴색이 되었을 때 다소 혼동될 수가 있다. 독성 맹독성.

붉은꼭지버섯

여름~가을에 혼합림 내 지상에 발생한다. 전체가 황적색을 띠고 갓의 중앙 부위에 연필심 모양의 돌기가 있다. 특히 한국 등 극동아시아에서 흔하게 발생하는 종이다. 자실체가 성숙한 후에 퇴색되면 노란꼭지버섯과 혼동할 수가 있다. 독성 맹독성.

삿갓외대버섯

늦은 여름~가을에 활엽수림, 특히 너도밤나무 숲에 무리지어 발생하는 버섯으로, 외대버섯류 중에는 비교적 큰 편에 속한다. 간혹 혼합림 내 지상에도 발생한다. 전국에 발생빈도가 높다. 독성 맹독성.

밤색갓버섯

여름~가을에 침엽수림과 활엽수림 또는 혼합림 내, 낙엽이 많은 습지나, 산길가 주변에 발생한다. 국내에는 매우 희귀종이다. 불쾌하고 독한 냄새가 강하다. 갓의 표면에 흑갈색~적갈색의 작은 인피가 동심원상으로 배열되어 있다. 독성 맹독성.

두엄먹물버섯

봄~가을에 정원, 화전지, 퇴비더미 주위 또는 부식질이 많은 곳, 종종 활엽수의 부후목에 발생한다. 갓의 끝 쪽부터 액화 현상이 나타나는데, 액화가 끝나면 대만 남아 있다. 독성 준독성. 어린 시기에는 식용할 수 있으나 이때도 술과 함께 먹으면 메스껍고, 구토, 복통을 일으키므로 주의해야 한다.

목장말똥버섯

봄~가을에 목초지의 소나 말의 분 위에 발생한다. 독성 준독성. 신경계통을 일시적으로 자극하는 물질이 함유되어 있어 술 취한 것과 같은 환각증상을 일으킨다. 1일 정도 지나면 원상태로 회복되며, 거의 후유증은 없는 것으로 알려져 있다.

검은말똥버섯

목장말똥버섯과 마찬가지로 봄~가을에 목초지의 소나 말의 분 위에 발생한다. 독성 준독성. 신경계통을 일시적으로 자극하는 물질이 함유되어 있어 술 취한 것과 같은 환각증상을 일으킨다. 1일 정도 지나면 원상태로 회복되며, 거의 후유증은 없다.

노란다발버섯

봄~가을에 보통 침엽수의 고사목이나 그루터기에 발생한다. 간혹 침엽수뿐만 아니라 활엽수 고사목에서도 발견된다. 성장 초기에는 자실체 전체가 유황색이고, 조직을 씹으면 매우 쓰다. 식용버섯인 개암버섯과 매우 유사하므로 주의를 해야 한다. 독성 맹독성.

좀환각버섯

여름~가을에 소, 말, 염소 등의 배설물 또는 퇴비더미 위에 무리지어 발생한다. 독성 맹독성. 실로시빈(Psilocybin)이 함유되어 있어 환각증상이 일어나고, 기억력 감퇴, 갈증, 정신 산만, 지각상실 등의 증세가 나타난다.

땅비늘버섯

땅비늘버섯은 비늘버섯류 중에서 산길가의 부식질이 풍부한 지상에 무리지어 발생한다. 갓과 대는 담황색 바탕에 회갈색~갈색의 섬유상 인피가 밀포되어 있다. 독성 맹독성.

재비늘버섯

여름~가을에 야영장 주변이나 불 피웠던 장소에 주로 발생하는 생태 습성이 특징적이다. 자실체는 비교적 작은 편이며, 갓은 다소 평활하고, 습할 때 점성이 있으며, 주로 지상에 발생한다. 독성 준독성.

비늘버섯

여름–가을에 활엽수 고사목의 그루터기에 무리지어 발생하며, 침엽수에서도 발생한다. 전국적으로 많이 발생하는 버섯 중에 한 종이다. 독성 준독성. 사람에 따라 중독증상, 즉 복통과 설사가 나타나며, 특히 술과 함께 먹으면 중독증상이 나타나기 때문에 주의해야 한다.

큰비늘땀버섯

여름~가을에 활엽수림과 침엽수림 내 지상에, 또는 부식질이 없는 산성토양에 드물게 나타난다. 조직은 섬유상 육질이며, 백색이나, 자르고 난 후에 약간 붉은 색으로 변하며, 중앙 부위는 두껍고, 밤꽃냄새가 나며 씹으면 약간 떫은 맛이 있다. 독성 맹독성.

화경버섯

화경버섯은 외관상 느타리, 표고, 참비섯류와 비슷하나, 밤이나 빛이 없는 어두운 곳에서 주름살이 청백색의 인광을 내고, 대기부를 자르면 자흑색의 반점이 나타난다. 독성 통증, 메스꺼움, 구토증이 나타나고, 눈앞에 나비가 날아다니는 현상이 나타나는 환각성이 있다고도 한다.

맑은애주름버섯

맑은애주름버섯은 매우 흔하게 어디에서나 볼 수 있는 버섯으로 무 냄새가 나는 것이 특징이다. 독성 맹독성.

처녀송이버섯

일부 송이버섯류와 비슷한 처녀송이버섯의 특징은 송이버섯류에 비해 갓과 주름살이 붉은 색을 띠지 않으며, 성장 후에도 주름살은 검은색으로 변색되지 않고, 조직은 매운 맛이 난다. 여름~가을에 주로 침엽수림 내 지상에, 드물게는 활엽수림 내 지상에도 발생하며, 단생 또는 소수 군생한다. 독성 준독성.

애우산광대버섯

애우산광대버섯은 광대버섯류 중에서 자실체가 비교적 작고, 갓과 대기부에 회색의 분질물이 덮여 있고, 대기부는 구근상으로 팽대하여 있어 쉽게 구별할 수 있다. 여름~가을에 적송 또는 침엽수와 참나무 류의 혼합림 내 지상에 산생한다. 독성 맹독성.

암회색광대버섯

암회색광대버섯은 갓 표면이 평활하고, 암회색이며, 대와 대주머니가 백색이란 점이 특징적이다. 여름~가을에 참나무림(상수리, 졸참나무 등) 또는 침엽수림(적송) 내 지상에 산생 또는 군생한다. 독성 준독성.

파리버섯

파리버섯은 광대버섯류 중에서 비교적 작으며, 갓의 표면이 습할 때 점성이 있고, 외피막의 잔유물인 옅은 황색의 분질물이 산재해 있고, 갓 주변에 방사상으로 홈선이 있다. 독성 식용불가한 독버섯으로, 국내에서는 살충제가 나오기 오래 전부터 파리버섯을 따다가 밥에 비벼 놓으면 파리가 이것을 빨아먹고 죽었다.

마귀광대버섯

마귀광대버섯은 갓의 색이 갈색-황갈색을 띠고, 백색 사마귀점이 산재해 있으며, 갓 끝 부위에 짧은 홈선이 있으며, 대의 표면에 부스럼 모양의 인피가 있고, 대 기부는 양파모양이고, 바로 위쪽에 2~4개의 불완전한 띠가 있다는 점이 특징적이다. 독성 독성분은 무스카리아 이보테닉 산으로 환각·환시를 일으키는 것으로 알려져 있다.

양파광대버섯

양파광대버섯은 비교적 중형~대형이며, 전체가 백색이고, 갓 표면에 피라미드상 돌기가 산재해 있다. 기부는 팽대하여 양파 모양의 구근상을 이룬다. 독성 맹독성인 광대버섯류에 속한다.

개나리광대버섯

개나리광대버섯은 독우산광대버섯과 모양이 매우 유사하며, 발생시기나 장소도 같다. 그러나 개나리광대버섯은 갓의 색깔이 밝은 등황색~황토색 또는 녹황색을 띠며, 대의 표면이 옅은 등황색을 띤다. 독성 맹독성.

흰알광대버섯

독우산광대버섯과 모양이나 색깔이 매우 유사하나, 흰알광대버섯은 주로 초여름에 발생하며, 어릴 때 갓 모양이 반구형-난형이고, 대의 표면에는 부스럼 모양의 인피가 없다는 점이 다르다. 독성 맹독성.

독우산광대버섯

독우산광대버섯은 어릴 때는 작은 달걀모양이고, 성장하면 백색의 대와 갓이 나타난다. 여름~가을에 잡목림 내 지상, 특히 떡갈나무, 벚나무 부근의 지상에서 단생 혹은 군생한다. 독성 맹독버섯으로 '죽음의 천사'라고 불리며, 우리나라에서 발생하는 광대버섯 중에서 독성이 가장 강하다.

회흑색광대버섯

회흑색광대버섯은 갓과 대가 암회색~회색을 띠며, 갓은 붓으로 쓸어 놓은 것과 같은 문양이며, 특히 홈선이 없고, 대는 옅은 회색의 부스럼상의 섬유질이 있으며, 대 상단부에 회색의 막질의 턱받이가 있고, 대 기부에는 우산버섯형의 대주머니가 있다는 점이 특징적이다. 독성 맹독성.

큰주머니대광대버섯

여름~가을까지 혼합림 내 지상에 단생, 산생 또는 소수 군생한다.
독성 준독성. 일본에서는 큰주머니대광대버섯에 의해 죽은 예가 있지만, 우리나라에서는 소량씩 식용하고 있다. 국내에서는 아직까지 큰주머니대광대버섯에 의해 중독된 예가 없지만 주의해야 한다.

긴골광대버섯아재비

긴골광대버섯아재비는 우산버섯과 매우 유사하나 주름살이 분홍색을 띠고, 대의 상부에 턱받이가 있다는 점이 다르다. 또한 모양은 우산버섯과 비슷하며, 턱받이가 있다는 점에서 턱받이광대버섯과도 매우 비슷하나 주름살이 백색이란 점에서 쉽게 구별할 수 있다. **독성** 준독성.

턱받이광대버섯

자실체는 백색이며, 작은 달걀모양이나 점차 상단부위가 갈라지면서 갓과 대가 나타난다. 여름–가을에 활엽수림, 침엽수림 또는 혼합림 내 지상에 산생 또는 단생한다. 독성 준독성.

뱀껍질광대버섯

뱀껍질광대버섯은 갓 표면의 색이 갈회색~암갈색이고, 작은 인편이 밀포되어 있으며, 성장하면 표면은 크고 작은 인편으로 갈라져 불규칙한 동심원상으로 배열되어 있다. 또한 대기부의 구근상 바로 위에 흑갈색의 분질상 띠가 있어 쉽게 구별할 수 있다. 독성 준독성.

흰독큰갓버섯

흰독큰갓버섯은 특히 식용버섯으로 유명한 큰갓버섯과 유사하나, 갓의 중앙 부위에 담황갈색의 대형의 막질 인피가 없고, 조직은 상처시에 변하지 않으며, 갓의 조직과 대의 조직 사이에 분명한 경계가 없다는 점에서 쉽게 구별된다. 독성 준독성.

갈색고리갓버섯

여름~가을에 혼합림 내 선태류가 많은 습지나, 정원 또는 쓰레기장 주변에서 발생한다. 갈색고리갓버섯은 갓의 표면이 백색 바탕에 적갈색의 작은 인피가 동심원상으로 배열되어 있다. 조직을 갈라보면 불쾌하고 다소 독한 냄새가 강하다. 독성 맹독성.

보라땀버섯

여름~가을에 활엽수림 또는 침엽수림 내 지상 또는 초본과 식물 사이에 발생한다. 매우 희귀종이다. 갓 표면이 성장 초기에는 보라색을 띠나 점차 퇴색되어, 종종 갓 중앙 부위는 옅은 갈색으로 된다. 씹으면 약간 떫은 맛이 있다. 독성 맹독성.

삿갓땀버섯

여름~가을에 활엽수림 또는 침엽수림 내 지상에 드물게 나타난다. 갓의 표면이 방사상으로 섬유질선이 뚜렷하고, 대기부는 테두리구근형이며, 자실체는 비교적 크다. 대 전체에 백색의 미세한 분질물이 있다. 밤꽃냄새가 난다. 독성 맹독성.

바늘땀버섯

여름~가을에 활엽수림 또는 혼합림 내 지상에 다소 드물게 발생한다. 밤꽃 냄새가 난다. 갓 표면은 건성이고, 방사상으로 섬유질이나 점차 인편으로 갈라지고, 회갈색~적갈색을 띤다. 갓의 끝은 성장하면 갈라지며, 오랫동안 안쪽으로 굽어 있다. 독성 맹독성

하얀땀버섯

여름~가을에 침엽수림 또는 혼합림 내 지상 또는 산길가에 발생한다. 독성 준독성. 소화기관, 기관지, 방광, 자궁 등의 평활근을 수축시키고, 여러가지 분비선의 분비를 촉진시키며, 심박수의 감소, 심근 수축력의 억제, 말초혈관 확장, 혈압강하 작용을 하는 무스카린(muscarine)을 함유하고 있다.

주름우단버섯

여름~가을에 주로 침엽수 또는 드물게는 활엽수 절주목, 매몰된 나무 위에 발생한다. 갓 표면은 어두운 황갈색으로 약간 올리브색을 띠며, 성숙하면 종종 적갈색의 얼룩이 생긴다. 독성 맹독성. 용혈성(溶血性:적혈구를 파괴하는 성질) 빈혈을 일으키고, 간장 장애를 일으킨다.

산속그물버섯아재비

여름~가을에 적송림과 참나무가 혼합된 곳의 지상에 비교적 드물게 발생한다. 성장하면 갓 표면이 가늘게 갈라지며, 옅은 적갈색~옅은 적황갈색을 띤다. 관공은 황색을 띠며, 상처 시 청변하고 상반부에 동색의 가느다란 망목이 있다. 성숙한 자실체에서는 치즈 냄새가 난다. 독성 맹독성.

쓴맛그물버섯

여름~가을에 적송림과 참나무가 혼합된 곳의 지상에 비교적 드물게 발생한다. 쓴맛그물버섯은 대의 표면에 황록색의 돌출된 망목이 있고, 상처 시에 흑변하며, 대기부의 조직이 성장하면서 젤라틴질화 된다. 독성 맹독성. 환각성 독성 물질이 있다.

흙무당버섯

여름~가을에 혼합림 내 지상에 발생한다. 어릴 때는 반구형이고, 끝은 안쪽으로 굽어 있으며, 갓 표면은 황토갈색을 띠는데, 성장하면서 황토갈색의 표피층이 코스모스 꽃잎모양으로 갈라진다. 조직은 부드럽고 잘 부서지며 약간 매운 맛이 있다. 독성 준독성.

절구버섯아재비

여름~가을에 활엽수림 내 지상에 발생한다. 절구버섯아재비는 갓의 모양이나 주름살이 성글고 넓으며 두껍다. 주름살에 상처를 내면 붉은색으로 변했다가 서서히 회색을 띤다. 독성 맹독성. 중독사한 사례가 여러 차례 있는, 매우 치명적이고 위험한 버섯이다.

깔때기무당버섯

여름~가을에 침엽수림 또는 활엽수림 내 지상에 발생한다. 갓 표면은 황갈색~황토갈색을 띠며 습할 때는 점성이 있고, 갓 주변부에는 방사상의 돌기선이 있다. 조직은 다소 얇으며 잘 부서지고 옅은 황토색이다. 다소 불쾌한 냄새가 나고, 맛은 약간 맵다. 독성 준독성.

애기무당버섯

여름~가을에 활엽수림 내 지상에 발생한다. 갓 표면은 회갈색~흑갈색을 띠고 미세한 털이 밀포되어 있다. 절구버섯아재비와 마찬가지로 주름살에 상처를 내면 붉은색으로 변했다가 서서히 회색을 띤다. 독성 맹독성. 중독사한 사례가 여러 차례 있는, 매우 치명적이고 위험한 버섯이다.

냄새무당버섯

가을에 소나무림(적송) 내 또는 활엽수림 내 지상에 발생한다. 갓 표면은 성장 초기에 밝은 적색을 띠나, 비가 온 후 시간이 경과하면 퇴색하여 옅은 분홍색을 띤다. 맛은 아주 매우며 냄새는 불분명하다. 독성 준독성. 생식을 하면 중독되나, 끓여서 요리를 하면 매운 맛이 없어지고 중독되지 않는다.

• 찾아보기

식용버섯

가죽밤그물버섯_ 216
가지색그물버섯_ 196
갈색먹물버섯_ 128
개암버섯_ 42
거친껍질이그물버섯_ 208
검은밤색젖버섯_ 226
검은비늘버섯_ 44
검은산그물버섯_ 194
고동색우산버섯_ 102
곰보버섯__ 296
굽은애기버섯_ 88
귀신그물버섯_ 210
긴뿌리버섯_ 90
까치버섯_ 264
꽃송이버섯_ 258
꽃흰목이_ 278
꾀꼬리그물버섯_ 198
꾀꼬리버섯_ 240
끈적긴뿌리버섯_ 92
나도팽나무버섯_ 22
나팔버섯_ 248
난버섯_ 110
넓은주름긴뿌리버섯_ 94
노란난버섯_ 112
노란달걀버섯_ 52
노란띠버섯_ 154
노란망태버섯_ 294
노랑끈적버섯_ 146
노랑먹물버섯_ 126
노루궁뎅이버섯_ 260
녹변나팔버섯_ 250
녹슨은비단그물버섯_ 182
누룩젖버섯_ 228

느타리_ 24
능이_ 18
다발방패버섯_ 238
달걀버섯_ 50
덕다리버섯_ 268
독청버섯아재비_ 164
두엄갓버섯_ 116
땅찌만가닥버섯_ 28
땅찌버섯_ 28
마른산그물버섯_ 192
말뚝버섯_ 290
말불버섯_ 286
말징버섯_ 284
맛버섯_ 22
망태버섯_ 292
먹물버섯_ 124
모래꽃만가닥버섯_ 33
목이_ 272
못버섯_ 168
무리우산버섯_ 138
민자주방망이버섯_ 78
밀버섯_ 84
밤버섯_ 56
백합배꼽버섯_ 82
버들송이_ 40
버터애기버섯_ 86
벚꽃버섯_ 56
볏짚버섯_ 134
보리볏집버섯_ 136
복령_ 300
붉은그물버섯_ 200
붉은덕다리버섯_ 270
붉은비단그물버섯_ 180
붉은산무명버섯_ 64
붉은점박이광대버섯_ 160
붉은젖버섯_ 230
비단그물버섯_ 178
뽕나무버섯_ 34

뽕나무버섯부치_ 36
뿌리자갈버섯_ 152
뿔나팔버섯_ 252
산호침버섯_ 262
상아빛꽃버섯_ 60
색시졸각버섯_ 72
솜털갈매못버섯_ 170
송이_ 12
싸리버섯_ 302
쓴송이_ 16
알버섯_ 298
애기꾀꼬리버섯_ 242
연기색만가닥버섯_ 32
왕송이_ 14
외대버섯_ 156
우산버섯_ 100
은빛쓴맛그물버섯_ 202
은이_ 276
이끼무명버섯_ 66
잎새버섯_ 266
자주졸각버섯_ 70
잣버섯_ 48
재먹물버섯_ 130
잿빛만가닥버섯_ 30
적갈색볏꽃버섯_ 58
접시껍질이그물버섯_ 206
젖버섯_ 224
젖버섯아재비_ 232
젖비단그물버섯_ 186
졸각버섯_ 68
좀나무싸리버섯_ 304
좀말불버섯_ 288
좀목이_ 280
주름무당버섯_ 222
주름버섯_ 118
줄그물버섯_ 174
진갈색주름버섯_ 120
진흙끈적버섯_ 150

차양끈적버섯_148
참부채버섯_38
청머루무당버섯_220
청버섯_218
초록방패버섯_236
침버섯_256
침비늘버섯_46
콩나물애주름버섯_98
큰갓버섯_114
큰눈물버섯_132
큰마개버섯_166
큰비단그물버섯_184
탈버섯_158
턱수염버섯_254
털귀신그물버섯_212
털긴뿌리버섯_96
털목이_274
털밤그물버섯_214
팽나무버섯_20
팽이_20
평원비단그물버섯_190
표고_26
푸른끈적버섯_144
풀털버섯_108
풍선끈적버섯_140
풍선끈적버섯아재비_142
하늘색깔때기버섯_76
향버섯_18
혓바늘목이_282
흑깔때기버섯_74
화병무명버섯_62
화병벚꽃버섯_62
황금그물버섯_176
황금나팔꾀꼬리버섯_244
황소비단그물버섯_188
황소쓴맛그물버섯_204
회색나팔꾀꼬리버섯_246
흰가시광대버섯_162

흰굴뚝버섯_234
흰달걀버섯_54
흰둘레그물버섯_172
흰목이_278
흰비단털버섯_106
흰우단버섯_80
흰우산버섯_104
흰주름버섯_122

독버섯

갈색고리갓버섯_328
갈잎에밀종버섯_310
개나리광대버섯_324
검은말똥버섯_316
긴골광대버섯아재비_326
깔때기무당버섯_333
냄새무당버섯_334
노란꼭지버섯_313
노란다발버섯_317
노란젖버섯_311
노랑싸리버섯_309
독우산광대버섯_325
두엄먹물버섯_315
땅비늘버섯_318
마귀광대버섯_323
맑은애주름버섯_320
목장말똥버섯_316
미치광이버섯_310
바늘땀버섯_330
밤색갓버섯_315
뱀껍질광대버섯_327
보라땀버섯_329
붉은꼭지버섯_314
붉은싸리버섯_308
비늘버섯_319
사슴뿔버섯_312
산속그물버섯아재비_331
삿갓땀버섯_329

삿갓외대버섯_314
쓴맛그물버섯_332
암회색광대버섯_322
애기무당버섯_334
애우산광대버섯_321
양파광대버섯_323
자주색싸리버섯_309
재비늘버섯_318
절구버섯아재비_333
점박이어리알버섯_312
좀환각버섯_317
주름우단버섯_331
처녀송이버섯_321
큰비늘땀버섯_319
큰주머니대광대버섯_326
턱받이광대버섯_327
파리버섯_322
하얀땀버섯_330
화경버섯_320
황금싸리버섯_308
회흑색광대버섯_325
흙무당버섯_332
흠집낭빛젖버섯_311
흰꼭지버섯_313
흰독큰갓버섯_328
흰알광대버섯_324